赚钱思维

财富领悟之道

袁建财◎主编

吉林出版集团股份有限公司
全国百佳图书出版单位

U0782672

图书在版编目（CIP）数据

赚钱思维　财富领悟之道 / 袁建财主编 . -- 长春：
吉林出版集团股份有限公司 , 2025. 7. -- ISBN 978-7
-5731-6927-3

Ⅰ . B848.4-49

中国国家版本馆 CIP 数据核字第 20259R7A69 号

赚钱思维　财富领悟之道
ZHUANQIAN SIWEI CAIFU LINGWU ZHI DAO

主　　编	袁建财	
策　　划	曹　恒	
责任编辑	李　娇	
责任校对	沈　航	
封面设计	吕宜昌	
开　　本	880mm×1230mm 1/32	
字　　数	115千	
印　　张	5	
版　　次	2025年7月第1版	
印　　次	2025年7月第1次印刷	

出　　版	吉林出版集团股份有限公司
发　　行	吉林出版集团股份有限公司
地　　址	吉林省长春市福祉大路5788号
邮　　编	130000
电　　话	0431-81629968
邮　　箱	11915286@qq.com
印　　刷	三河市金兆印刷装订有限公司

书　　号	ISBN 978-7-5731-6927-3
定　　价	58.80元

前　言

　　"贫和富"，这是个让人们津津乐道的话题，因为人人都想知道决定贫富的奥秘。

　　当今社会已进入人工智能时代，有的人还不知道"人工智能"为何物，有的人却已经利用Deep-Seek赚了人生的第一桶金。这正是人与人之间思维上的差距：别人想到了，你没想到；你想到了，却没有别人想得早。所以，决定贫富的第一要素就是思维。

　　关于财富，各国的富豪都有各自的看法。石油大亨洛克菲勒曾经说过："凡事都需要看得远一点。你在迈出第一步的时候，心中必须装着第二步。"蒙牛乳业集团创始人牛根生认为，小胜靠智，大胜靠德。想赢一两场或三五年，有点智商就行；要想一辈子赢，没有"德商"绝对不行。由此可见，每个成功人士的致富秘诀都是不同的。

人们都希望过上富裕、体面、自由的生活，很多人也一直在为此努力拼搏，却总是难以得偿所愿，于是，他们开始心灰意冷，感叹自己时运不济，仿佛自己天生就是"穷"命。这时，人们往往忽略了一个道理：要想致富，必须先改变自己的思维。只有思维转变了，再继之以正确的行动，才有可能抵达成功的彼岸。反之，若陷在固有的思维里，不求改变，很可能不尽如人意。

那么，在思维上，人与人之间究竟有哪些不同？如何才能养成"富人思维"呢？本书针对这个问题进行了探讨。全书从不同的角度，全面剖析了不同类型的人之间的思维差异，指出了养成"富人思维"的方式和方法。书中通过论述与案例结合的方法，进行了深刻阐述，值得一读。

让我们用全新的观念武装自己的头脑，学会思考，勇于拼搏，争取改变自己的命运。

目 录

第 1 章

追求卓越

有的人以财产安全为目标，倾向于"小富即安"。而有的人更看重财富自由，因此，他们的内在动力更大。

弃稳求动，财通则盈

　　从表面看来，财富的差距是钱多钱少的问题，实际上却是思维问题。

　　有人"种豆"就是为了"得豆"，他们往往关注做一件事的直接利益，但最后总是事情做了很多，却收益不多。有人则不一样，他们认为"种豆"也许可以"得瓜"，他们敢想敢干。即使最后一无所得，也能泰然处之，继续怀揣"种豆得瓜"的梦想。

　　不可否认，"种豆得豆"式的财富模式是相对安全的，但是，如果固守这种思维，则很难有质的飞跃。大多数人把眼光放在如何改变眼前的生活上，因此拼命地攥着手里的钱，不敢开店、办厂、投资等，害怕万一哪天运气不佳，自己的本钱打了水漂，生活就没有了保障。因此，他们时刻都在想着"安全第一"，不知道自己还有机会可以走得更远，获得更多的东西——

财富、地位、成功。

古时候，有一个贫穷的农民，在他即将离开人世时，把两个儿子叫到身旁，吩咐他们说："我给你们每人五粒麦子，你们要好好保存，我死了就再也没有人帮助你们了，以后的路只能靠你们自己走了。"两个儿子各拿了五粒麦子回到了家。大儿子拿到五粒麦子之后，觉得这些麦子肯定价值非凡，于是他取来一个盒子，用布将麦子一层一层地包了起来，放在盒子里，交给妻子妥善保存。小儿子拿到五粒麦子后，觉得无论放在哪里，都不如种在田地里安全。

三年后，大儿子手里的那五粒麦子早已干瘪，他仍然过着贫穷的生活。而小儿子把麦子种在田里后，经过精心管理，麦子长势很好，三年下来，麦子几乎堆满了家里的仓库。小儿子用所有的麦子换了钱，开了村里第一家饭店，生意特别好。几年之后，小儿子从一贫如洗的农民翻身成了村里的首富。

因为总是想着"安全第一"，所以，有的人更愿意找一份稳定的工作，每月拿一份稳定的薪水，然后把钱存进银行，享受固定的利息。

小吴出生于农村，虽然已经在北京读了三年大学，但是理财观念仍然比较保守。毕业后，他在一家国企上班，每月薪水5000元。日常生活中，他的花销并不大，除了每月2000元左右的基本开销，余下的钱全都存进银行。

几年下来，小吴凭着踏实、肯干的精神，得到了老板的赏识，薪水也涨了。在他看来，这样的日子与在农村相比已经很不错了，所以他一直没有想过通过其他方法去赚更多的钱，仍然只是普通的上班族。

相反，他的很多同学虽然也是公司里的普通职员，却将手里的固定工资用于各种各样的投资，如与朋友投资办厂、开各种小店等，赚了不少钱。

把钱存着不动是发不了财的，只有让钱流通起来，如用来办厂、开店等，才有可能创造更多财富。有句话说得好："不让钱转，没有钱赚。"

曾经，有两个人都获得了100元的救济金。一个人用100元买了50双草鞋，然后将草鞋拿到地摊上，以每双3元的价格卖了出去，一共卖了150元。

另一个人看到第一个人用100元做了生意，还赚回50元，心里想："他怎么这么冒险啊，万一赔本了，生活不就没有着落了吗？还是把钱花在自己生活上安全一些。"于是，他将这100元救济金全都用来买了柴米油盐。

有一天，政府发放的救济金涨到了每月200元。第一个人仍然选择用100元做点小生意，就这样，他很快就不需要政府的救济了。

第二个人同样得到了每个月200元的救济金，但为了"安全起见"，他仍然把钱用于基本的生活开销，只是偶尔喝点酒、吃点肉，改善一下生活。几年以后，他仍然靠救济金生活。

当一个人贫穷的时候，固守"安全"，并不能让自己富有。要想让自己过上好日子，唯有改变思维才是出路。

因此，与其整天把"安全第一"这句话放在心上、挂在嘴边，倒不如活用自己的钱，通过奋斗，使自己的财富像雪球一样越滚越大。

定向复利，财通自由

在生活中，很多成功者都是善于理财的，这些人有着明确的目标——财富自由。

一个人想要获得更多的财富，需要拥有稳定的循环性收入，比如从多种投资中获得收益。只有这样，才能拥有多种收入来源，即使其中一种出现了问题，也会有其他收入来源来保障，无形中保障了生计。

我们经常会发现这样一种现象：有些人几乎每天都在拼命工作，既没有自由，也没挣到多少钱；而有些人可以不工作或者阶段性工作，却拥有大量的时间和财富。这是为什么呢？

有一个规模很大的集团，叔侄二人是该集团的领头人，叔叔基本不会理财，而侄子善于理财。公司的人都说："钱放进xx（侄子）口袋就不见了，如果放进xx（叔叔）的口袋，只进不出。"把钱交给叔叔，他就全部存进银行里了；把钱交给侄子，他就主要用于投资了。正是这个原因，才使得侄子的资产超过了其叔叔的资产。

善于理财的人，才可能拥有更多的财富。即使我们手头并没有多少钱，也一定要学会理财。

在理财上，很多人容易走极端，要么将所有的钱都存起来，要么把全部财产用于高风险投资。实际上，这两种做法都不妥当。我们应该正确地认识理财。

在生活中，有许多人只拥有一种固定收入来源，业余时间他们选择做兼职。从根本上看，他们还是在为别人工作，为别人赚钱，所以这并不是投资意义上的收入来源。

我们应该拥有属于自己的投资意义上的收入来源。这些收入来源是多次持续性收入，是一种循环性的收入，无论本人是否在场，是否每天都在工作，都会持续不断地为自己带来收入。

李飞（化名）刚参加工作的时候，试用期工资每月只有1500元，除了日常生活的开销以及给家里寄回去的钱，基本没有剩余。转正后，他的月薪涨到了4000元，积蓄也逐渐多了起来，他决定实施投资计划。

李飞首先用积蓄购买了3万元的基金，一年后，他

追求卓越

的基金获得了14%的收益。李飞第一次尝到投资的甜头，接着又购买了第二只基金。

与此同时，为了分散风险，李飞又投资两万元购买国债，还在银行办理了零存整取的业务。对此，李飞解释说："零存整取，利息虽低，但可以有效地约束我，改正乱花钱的不良习惯。"

几年下来，李飞口袋里的钱越来越多，同时他也积累了一些心得。他对身边的亲戚朋友说："在理财之前，每个人都要有一个合理的规划，不可盲目投资。"

以前，几乎每个家庭的收入来源都是单一的。现在，随着社会的不断发展，人们对生活水平的要求不断提高，很多家庭的收入来源也多了，如固定工资加房屋出租的租金收入或其他兼职收入。从这个角度来看，一个人如果想拥有更高质量的生活，最好的办法就是拥有多种收入来源，如果有能力，最好将其转变为多次持续性收入。

据相关专家分析，一般性收入来源分为单次收入和多次持续性收入两种。判断一个人的收入来源是单次收入还是多次收入，需要回答一个简单的问题——"你每个小时的工作能获得几次金钱给付？"对于这一问题，如果你的回答是"仅有一次"，你的收入来源就属于单次收入来源。例如，出租车司机工作一天，就会有一天的收入；如果遇到特殊情况，不出车，就不会有收入，这就是单次收入。

多次持续性收入是一种循环性的收入，即使本人不在场，没有进行工作，同样会持续不断地获取收入。它是人们在努力创业、事业发展到一定阶段后才出现的结果。那时，这种人即使出去游玩，同样可以凭借以前的付出，获得相应的报酬。

人们在懂得这个道理之后，自然想要获得多次收入。通常情况下，有以下四种方式：

第一种，银行存款。一个人只要存款达到一定金额，即使不用工作，依靠利息同样能生活。从一定意义上来说，虽然利息属于典型的多次收入，但是现在银行的利息比较低，并且要缴纳相应的利息税。

第二种，稿费收入。在这里，我们以一个作家为例：写一部作品需要一个过程，在写作期间，没有报酬，只有在作品发表后，才能获得相应的报酬。一般而言，这一过程需要一定的时间，也就是说，作家要想获得收入，可能时间比较长，但作品发表后，往往每隔一段时间，就会收到一份稿费。

第三种，投资理财。通过各种投资方式，如风险投资、房地产投资等，实现财富增值的目的。但是，前提是自己手中必须有一笔闲置资金，并且最好选择比较专业的机构来运作。

第四种，特许经营。当我们逛街的时候，总会看到一些连锁品牌店，创建品牌的老板即使每天什么都不做（或较少参与日常运营），每月也可从中获得一笔权益金。商家只要想加盟，就得向他们缴纳一定的管理费用。

综上所述，真正意义上的财富自由，是拥有持续性收入。手中的钱少并不是最大的问题，关键在于我们如何根据自己的实际情况合理规划。

在我们身边，有许多高收入人群，看起来工作稳定，收入颇丰。可从根本上来说，他们的收入来源基本上都是单次收入。所以，要想真正实现财富自由，方法之一就是拥有多次持续性收入。

破除知足，不断进取

在生活中，有些人会这样说："生活就是知足常乐嘛！日子就是这样过来的。"还有些人认为："如果不紧跟时代的步伐，就会落伍。"

从表面上看，这只是两种不同的人生观。然而，很多时候，可能正是"知足常乐"的心态限制了人们创造财富的脚步。

有的人总是沉醉于过去的成功经验，习惯于既定的行为。他们会洋洋自得地对身边的人说"我目前过得很好啊""我以前都是这样做的啊""我认为这样的日子很幸福啊"等。其实，他们并不知道，正是这种思维阻碍了自己有可能创造更大财富的步伐。

每个人都有惰性。人们一旦发现环境稳定，便不愿付出更多的精力应对机遇，在这种情况下，很容易一天天变得懒惰起来，失去进取心。可是他们并不知道，社会发展越来越快，如果想实现财富自由，就要不断进取。

一个有崇高目标、远大理想的人，总是希望比周围的人走得更远，他们喜欢在人生道路上不断地超越自我。只有这样的人，才能在人生道路上收获更多的财富。如果将自己封闭在已经熟悉的环境中，安于现状，很可能就会与财富背道而驰。

一个人经过一个工地，看见骄阳下有三个工人正在砌墙。他走过去问第一个工人："先生，请问你在做什么？"工人不耐烦地回答说："你没见到吗？我在砌墙！"他又问第二个工人："你在做什么？"那个工人微笑着说："我正在建一幢高楼。"他转身问第三个工人同样的问题，那个人用欢快的声音回答道："我正在建造一座美丽的城市！"

许多年过去了，第一个工人仍然在工地上干着砌墙的工作。第二个工人则成为某企业的一名建筑师。而第三个人呢？他已拥有了一家属于自己的建筑公司。

三个砌墙工人，同样的起点，竟然出现了三种完全不同的结局。

例子中的三个工人之所以结局不同，是因为他们最初的目标不同。第三个工人也正是由于目标远大，才取得了非凡成就。目标是一个人对于所期望成就事业的决心。目标比幻想更切合实际，因为它具体且可以实现。一旦有了目标，人就有了前进的方向，就能够一步步改变自己，最终达到美好的人生境界。

正如空气是生命的根基一样，"不满足"的进取心，是成功的必要条件。如果没有空气，便没有人能够生存下来；如果没有"不满足"的进取心，又何谈成功和财富？

一个人能否成功，取决于他是否拥有"成功欲望"。如果你现在居住在一间十几平方米的茅草屋就心满意足了，那么你很难拥有豪宅别墅；如果你甘心当一名小职员，那么就可能真的永远是一名小职员。很多人之所以一辈子碌碌无为，主要是因为他们没有"成功欲望"。

卡耐基年轻时干过许多工作，却始终表现平平。他在汽车公司当推销员时，依然没有做出好的成绩。他在推销的时候，总是机械式地把与汽车相关的内容都介绍一遍，如汽车的功能、特点、性能等。

一次，一位老人来看车，卡耐基像往常那样再次将那些内容介绍了一遍。老人听完后，对他说："你知道吗？你这样做，对顾客没有丝毫吸引力。"

卡耐基听后，认为此话有理，于是便趁机和老人攀谈起来。卡耐基对老人说："实际上，我想当一名作家，这是我有生以来最大的梦想，因为我对写作比较感兴趣，但是，我迟迟不敢下决心。"

老人一脸疑惑地说："写作同样可以赚钱，为什么你现在不去做你喜欢的事情呢？"为了说服卡耐基，老人准确无误地说出了好几位作家的名字，并列举了几本全球畅销的图书。

卡耐基急忙向老人解释："先生，我也有难处，虽然我干推销并不太好，但是如果我轻易放弃工作，我的生活就没有着落了。"

老人语重心长地对他说："既然你有这方面的才能，就应该从事能让你发挥才能的事，为什么你总是甘心过平淡如水的生活呢？你要知道，虽然写作有一定的风险，但是如果你真的对这方面感兴趣，迟早有一天你会成功的。为了你的将来，你应该大胆地试一试。"

卡耐基听后，心中的结一下子就解开了：放弃现在的工作，投身于自己感兴趣的事业，虽然会冒一定的风险，但是如果自己真的在这方面有独到的见解，自然要比做自己不喜欢的工作顺利得多。

于是，卡耐基毅然辞去了工作，踏上了一条新的人生道路。后来，他成为20世纪最伟大的心灵导师。

在我们身边，有些人由于没有施展的舞台而平淡一生。从根本上说，这主要是他们缺乏卡耐基毅然辞掉工作的胆量与魄力，总是安于现状。一成不变、没有风险的生活，是很多人的选择，因此，人们的才能与个性就被无形地扼杀了。自主创业必定会遇到各种困难，其中不乏风险，但是如果选择让自己的才能迁就平淡的生活，那么最终很难创造更多的财富。

其实，很多人的成功，正源于他们对成功的强烈渴望，也源于他们内心不竭的进取心。没有向上意识的人，可能永远是一个普通人。

1937年，雷蒙开始做生意。当时，他只是一家经销"混乳机"的小公司的老板。这里所说的"混乳机"，指的是能够同时混合、拌匀5种麦乳的机器。

雷蒙于1954年来到加利福尼亚州圣伯纳迪诺城，一家由麦当劳兄弟马克和狄克经营的小餐厅，一次性订购8台混乳机。雷蒙从事这一行业以来，没有人一次买这么多机器，雷蒙想去看个究竟。当他来到这家餐厅附近时，远远地就看到排长队的顾客，原来他们都是奔着这家餐厅的牛肉饼来的。

雷蒙对马克和狄克说："既然生意这么好，你们可以多开几家分店。"狄克一听，连忙摇头，一边用手指着附近的小山坡，一边对他说："你看到上面那栋房子了吗？那里是我的家，如果我们开了连锁店，就可能再也没有时间回来了！"

雷蒙说："原来你们是这样想的呀！"

雷蒙虽然只是一个普通人，却从不甘心过普通人的日子。在任何时候，他都会想尽一切办法去寻找致富的机会。听了狄克的话，他认为发财的机会就在眼前，一定要马上行动。在雷蒙的再三请求下，麦氏兄弟答应将在全国各地开分店的经销权给他，并提出一个条件：从中抽取5%的利润。

1955年3月，麦当劳连锁公司成立。1955年4月15

追求卓越

日，第一家麦当劳餐厅在芝加哥郊区开业；同年9月，第二家麦当劳餐厅在加利福尼亚州雷萨达市开业。在雷蒙的不断努力下，分店越来越多。1960年，在美国各地已经有280家麦当劳餐厅。

雷蒙为了将主动权握在自己手中，在1961年以270万美元向麦氏兄弟买下了麦当劳的经营权。雷蒙说："虽然麦氏兄弟比我年轻，可是他们现在已经歇手了。我可不能轻易放弃，当你年轻的时候，只要有奔跑的力量，就得前进，等到你老了，一停手就会思维僵化。"

雷蒙这样说："在事业的发展过程中，我们需要的是有发展潜力的人，如果满足于养家糊口、小富即安，麦当劳就不需要我。"这是他自身的写照，正是因为他不满足于现状，所以才建立了"麦当劳帝国"，成为世界巨富。

只要我们不放弃梦想，积极进取，就一定有机会摆脱贫困，实现财富自由。

心怀梦想，追求不息

不是每个人都可以成功，想要成功并不需要特殊的性格，但需要有梦想，只有想得到，才能做得到。要有想前人所未想的勇气，还要有奇思妙想。在我们身边，你也许会发现，很多成功的人并不一定比你的能力强，而是比你敢想。在很多情况下，强者之所以成为强者，就是因为他们敢于创新。提到创新，我们首先想到的是新观念、新方法、新产品，但这并不是创新的全部内容。对于那些急需完成从无到有、从贫穷到富足的人来说，最重要的是拥有创新的观念和勇于创新的个性。

在人们的意识里，眼镜是人类的专用品。令人意想不到的是，现在居然有人给鸡戴上了眼镜，还是一种比较流行的隐形眼镜。对此，也许有人会问："难道是鸡患有近视眼吗？"当然不是，这只是为了防止鸡打架的一种工具。

鸡出于本能互相挑衅、打架，导致其死亡率高达25%，这是养鸡人的一大烦恼。

在美国加利福尼亚州，一个蛋农意外发现：他所饲养的鸡的斗殴死亡率突然明显下降了。于是，他请来了兽医，发现原来是鸡患了白内障。蛋农问兽医："鸡患了白内障，怎么会与斗殴死亡率有关系呢？"兽医解释道："一旦鸡患上了白内障，就会看不清对手，自然也就无心开战，发生相互残杀的情况减少，鸡群的死亡率也就降低了。斗殴少了，母鸡自然就会长肉、下蛋。"

听完医生的一番话，蛋农产生了一个想法：让所有的鸡都患上白内障可是一件好事，不仅可以使鸡的死亡率降低，而且可以获得更多利润。既然人可以戴眼镜矫正视力，或许也可以为鸡佩戴隐形眼镜。于是，他想到了一个给鸡戴一种粉红色隐形眼镜的方案。鸡戴上这种隐形眼镜之后，看到血的时候，就不再像以前那样鲜亮且有刺激性了，这样一来，鸡好斗的欲望得到了有效抑制。

这种粉红色的隐形眼镜，能够显著降低鸡群的死亡率。后来，这种隐形眼镜便成为提高产蛋量的一种热门产品。

美国宇航局门口的铭牌上刻着："你能想到的，就会实现。"有些人能成就伟大的事，是因为他们有着远大的梦想。如果一个人的目标是有限的，那么他一生的高度也将会是有限的。因此，我们在为自己设定目标时，最好定一个高目标。

林清玄，著名散文家。他出生在一个普通的农户家庭，家境贫寒，从小就开始和父亲一起下田务农。一次，他忙累了，坐在田边休息，两眼直盯着远方，好像在想一件重大的事情一样。父亲问："孩子，你在想什么呢？是不是累了？"林清玄说："我不累，我在想未来。等我长大了，不要种田，也不要上班，只想每天待在家里，等人给我邮钱。这是一件多么美好的事啊！"父亲听后，笑着说："绝对不可能，纯属白日做梦。"

随着时间的推移，林清玄上学了。一天，他在课堂上学习了埃及金字塔的故事，感到十分好奇。回到家里，他就对父亲说："等我长大了，我一定要去埃及看看金字塔。"父亲一边抚摸孩子的头，一边对他说："你不要总是做梦了，我敢保证，你以后肯定去不了。"

时间一晃而过，转眼间，林清玄从少年变成了活力四射的青年。此时，他已经大学毕业，做了记者，热爱写作的他几乎每年都有几本书出版。后来，他不再出去上班，只是待在家里写作。每当有作品完成的

时候，他总会收到从出版社、报社寄来的钱。他用这些钱去埃及旅游。当他看到金字塔的时候，一脸兴奋，抬头仰望，突然想起小时候和爸爸在田边对话的情景，笑了一下，轻轻地说了一声："爸爸，人生是一个未知数，没有什么能被设定。"

当初林清玄的那些想法，在他的爸爸看来，十分荒唐，让人发笑。十余年后，林清玄凭着自己的努力，将当初的梦想变成了现实。

做人如此，经商同样如此。只要你定下目标，大胆发挥想象，即使赤手空拳，也能打下属于自己的天下。

在日本冈山市，有一栋设计极为独特的大楼，是一家大饭店，其经营者为条井正雄。这栋5层钢筋水泥大楼，看上去非常美观、气派。可是，又有谁能知道，条井当年身无分文却奇迹般地盖起了这栋大楼。

之前，条井是一家银行的贷款股长，主要工作是办理饭店、旅馆业贷款等业务。他在那里干了10年之久，无形中学到了许多知识，尤其在饭店经营方面。于是，他产生了自己经营饭店的想法。

为了尽快将想法转变为现实，他对冈山市的旅客以及来往车辆进行了实地调研，最后得出一个结论：有97%的旅客是为了商务驾车而来的。冈山市的饭店不仅服务质量差，还没有一家带有像样的停车场。于是，他认为将来新盖的饭店必须具备两个条件：第一，具有浓厚的商业气息；第二，拥有广阔的停车场。他又用了一年时间，绘制出几张气派且美观的饭店设计图纸，并制订了一份经营计划书。

虽然他身无分文，但是仍然抱着试试看的心态独自一人来到冈山市最大的建筑公司。

他将设计图纸交给一位主管，主管仔细看后，问道："这栋大楼的设计不错，你打算出多少钱？"

条井从容地回答对方："我现在一分钱也没有。我想先请你们帮我盖这栋大楼，等我开业之后，再将建筑费分期付给你们。"

主管非常生气，大声对条井说："你也太天真了，没有钱怎么能盖楼呢？依我看，你还是将图纸拿回去吧！"

"我用了两年的时间才完成了这几张图纸和计划书，我认为它们很完美。请你们先仔细看一遍，以后我再来讨教！"说完，条井转身将设计图放在那里，便匆匆地离开了。

十多天后，意想不到的事情发生了，这家建筑公司竟然主动约他去面谈这件事。董事长和经理将所有工作人员召集起来开了一个重要会议，从上午8点开到下午4点，会议场面极为活跃。

经过讨论，该建筑公司认为这家饭店的建筑设计极具商业风格，发展前景广阔，必将为公司带来丰厚收益，于是决定花巨资为这位身无分文的先生盖饭店。

经过短短一年的时间，饭店就建成了。果然，如条井所说，生意特别红火。从此，条井也成了有钱的大老板。

虽然自己没有本钱，但是敢于做"没有本钱"的生意，最终功成名就，这就是真正的价值。在大多数人看来，如果想要在当今社会获得成功，必须有足够的物质基础。其实，目标决定财富流向，只要头脑灵活、感觉敏锐，即使没有物质基础，也可以创造财富。

2002年，埃隆·马斯克在莫斯科试图购买二手火箭失败后，站在猎鹰1号火箭的残骸前，向团队宣布："我们要自己造火箭，而且要让它降落回来并重复使用。"

这个被同行嗤为"科幻妄想"的目标，在随后的12年里花光了10亿美元。三次发射失败让SpaceX濒临破产，马斯克甚至抵押房产来支付工资。但他始终将"降低太空运输成本90%"的愿景刻在会议室的墙上，并将其拆解为可量化的技术路径：研发可回收火箭、自建发动机生产线、用甲烷燃料替代传统推进剂。

2015年，猎鹰9号首次实现海上着陆，人类首次掌握火箭回收技术。如今，SpaceX的星舰已实现10千米级跳跃，星链卫星覆盖全球，火星移民计划进入实操阶段。

　　有时，我们可能太满足于眼前的一切，缺乏想象力，即便想了也不去实践。如果你想取得成功，一定要记住：只有想得到，才能做得到。

追求卓越

致富语录

不要满足于短期的安全感，要敢于突破，追求长期的财富自由。让金钱为你服务，实现财富的持续增长。

第 2 章

突破限制

有的人渴望发财致富，但总是由于怀疑自己的能力，而与心中的梦想失之交臂。因此，我们应该突破思维的局限，将命运掌握在自己的手里。

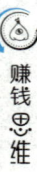
自穷其志，何以追财

在生活中，我们会听到身边有人这样说："我学历不高，能力有限，想成功谈何容易？"有梦想的人却不以为然，他们经常这样说："贫穷不会扎根，只要不懈努力，一定会过上富裕生活。"

究其根本，许多人不能获得财富的原因就是总把自己当作穷人。这是通向成功道路的一块"绊脚石"。他们认为自己没有资格与别人竞争，觉得自己一无是处。时间久了，就会产生自卑感，怎么可能获得幸福与快乐、获取财富呢？

那么，这些人为什么会产生这种心理呢？他们在为自己定位时，总喜欢用别人的标准来衡量自己。事实上，这样做只会使人妄自菲薄。他们虽然也想成功，但是他们在向某些"标准"看齐的时候，总是觉得自身条件不如别人。如此，他们便会产生这样一种心理：财富与我们无缘。

　　李强（化名）出身农村，考上了一所重点大学，即将到上海这样一座大城市开始新的学习生活。他是一个勤于学业的人，在他的意识里，分数是衡量一个人优秀与否的标准。

　　上了大学后，他发现身边的人除了分数，各方面条件都很优越。他经常暗自和别人比，发现自己在很多方面都不如别人。于是，他产生了极强的自卑心理。在校园生活中，他对自己不善言辞，不敢在班会上落落大方地发表见解而深感自卑；他为自己体格瘦小，总是受到别人的嘲笑而自卑；他还为自己在体育课上做不好动作而自卑；他为自己穿着不体面而自卑……

　　虽然家长常对他说："只要你尽力了，结果如何不重要。"但是，他仍然很担心，在大学这个高手如云的新环境中，他找不到自己的位置。他虽然为自己定了目标，却觉得自己没有这个能力实现。他天天这么想，导致自卑感越来越强烈。

　　在这种情况下，李强最终难以与繁华的大城市以及大学校园的紧张学习氛围相适应，主动向学校提出退学的要求，回到了农村。每当人们问及他这件事时，他总会说："我与那些条件优越的人无法相比。"

突破限制

相信每个人看到李强的事例后，都会感到震惊。从常理来看，李强大学毕业后，可以通过自己的努力闯出一片天地。然而，让人没想到的是，在面对其他大学生时，李强产生了严重的自卑的心理障碍。

一个人一旦有了自卑的心理，也就否定了自我的能力，即使想成功也是很难的。可以说，很多人并不是没有成为成功者的能力，主要是由于他们的思维没有改变。

现在，"波司登"已经成为我们非常熟悉的一个羽绒服品牌，受到大众的欢迎。可是，很少有人知道，"波司登"的总裁高德康在30年前只是江苏常熟农村一个普通的年轻人。

20世纪70年代末，由于不甘心总是过着贫穷落后的生活，高德康和10多位农民共同组成了一个缝纫机组，主要从别人手里接一些来料加工的活计。其中，上海一家小企业的活计最多，是他们最大的客户。

上海与常熟相距200千米，高德康负责布料与成品的运送，无论刮风下雨，他每天都会骑着自行车奔波在这条路上。随着加工成品的不断增加，缝纫机组的收入也一天天多了起来。当时，高德康如果满足于这样的生活，甘心一辈子为别人加工成品，自然不会有今天的"波司登"。

高德康骨子里就是一个"不安分"的人。一次，当他为上海飞达厂做"贴牌"的时候，他凭着敏锐的商业嗅觉，发现羽绒服市场发展潜力巨大。但他并没有放下手中的来料加工工作，只是将更多的心思放在羽绒服市场未来走势的研究上。经过几年的摸索，高德康掌握了制作羽绒服的技术。他认为时机已经成熟，应该干出一番属于自己的事业了。

1992年，高德康正式注册了"波司登"品牌，迈出了打造品牌羽绒服的第一步。1994年，"波司登"羽绒服被正式投放到市场中。1995年，"波司登"销量高达68万件，在全国同行业之中，销量第一。

从此，"波司登"成为全国知名品牌，高德康也因此改变了命运。

高德康之所以能够成功，主要是因为他积极向上，不满足于现状，不断开拓新领域。

想要改变命运，就要明白这样一个道理：成功者不仅要拥有获取财富的能力，还要拥有取得成功的决心。所以，一个人即使出身于一个贫穷的家庭，也不要因此而感到自卑，更不要消极沉沦。我们虽然无法选择自己的出身，但是可以改变自己的命运。一个人身处困境时，唯一能做的就是不断奋斗，努力改变自己的命运。

命由心造，富由志得

在生活中，我们可以发现这样一个现象：有的人虽然出身于贫困的家庭，但是他们始终相信命运可以改变，最终凭借自己的努力获得了很多财富。不甘心一辈子生活在固定圈子里的人，他们相信命运可以改变，这样的人往往也可能取得成功，获得更多的财富。

只要仔细观察身边的成功者，我们就会发现，他们身上都有一个共同点——相信命运可以改变。

在美国，有一位名叫安东尼·罗宾的推销大师。他在23岁的时候，还是一个身无分文的穷人。他的住所是一间单身公寓，相当狭窄，只能容下他一个人。他每天只能在吊床上睡觉，在浴缸里洗菜。

　　虽然过得并不好，但是罗宾一直坚持不懈地追求财富。就在这时，他结识了一位女友。

　　罗宾和女友相处了很长一段时间，已经到了谈婚论嫁的程度。在这之前，他的女友从来没有去过他的住所，现在，女友对罗宾说："在结婚之前，我一定要去你的住所看一看。"罗宾知道自己的住所必然会让女友失望，但还是硬着头皮答应了。

　　在走进房间之前，罗宾深情地望着女友对她说："亲爱的，在你评价一个人的时候，最重要的是看他的将来能否成就一番事业，而不是现在。一会儿，你看到我的住所后，可能会非常吃惊。"

　　果然不出所料，女友看到罗宾的住所后，十分惊讶。罗宾不紧不慢地解释道："亲爱的，难道你不认为睡在吊床上很浪漫吗？来，让我们一起坐在吊床上，享受一下优美的音乐吧！"罗宾一边说，一边把录音机打开。

　　两个人一同坐在了吊床上，罗宾满怀信心地对女友说："亲爱的，请你嫁给我吧，我向你保证，过不了多久，我们就会有一栋坐落在海边的大房子，我一定会让你过上幸福的生活。"女友看到罗宾如此自信，感到非常震惊。

　　就在这时，只听见"砰"的一声，吊床断了，罗宾和女友一起重重地摔在地板上，录音机里正好播放着一首名为《千万不要嫁给讲大话的人》的歌曲。

女友听到音乐声，气更不打一处来，十分生气地对罗宾说了一声"拜拜"，就迅速离开了。

自此，女友再也没有来找过他。罗宾伤心了一段时间，但他并没有一直消沉下去，而是重拾信心，开始了人生规划。

当时，有许多人在学习著名的成功学课程。为了日后能够干出一番事业，罗宾也报名参加了。在去上课的漫长路途中，他拿出一张纸，写下了自己的目标："在25岁前，一定要赚够40万美元，并且拥有一栋海边的别墅和一个美丽的女朋友。"

在25岁的时候，罗宾真的兑现了自己的承诺，而且要比预期好得多。他赚的钱不是40万美元，而是100万美元，已经是拥有百万美元的富人了。与此同时，他与漂亮的妻子住进了一座像宫殿一样的海边别墅。

从这个例子中我们得知，罗宾的富人梦最终得以实现，这与其相信命运是可以改变的心态有着密切关系。试想一下，如果罗宾屈服于命运的安排，甘受贫穷，或者整天被失恋的痛苦包围，肯定不会成为著名的推销大师。

人生是一条漫长的路，每个人都会或多或少地遇到一些困难和挑战。如果一个人总是相信命运是人生的主宰，则极有可能在人生道路上失去动力，迷失方向。

曾经，有一个以收废品为生的人，希望有朝一日能成为富人。所以，他总是在收废品的同时，留心身

突破限制

边是否有发财的机会。

一个偶然的机会，他产生了这样一个想法：我收一个易拉罐才赚几分钱，如果将它熔化了，作为金属材料卖给需要的人，或许还可以增加一些收入。他抱着试一试的心态，将一个空罐剪碎，熔成一丁点银灰色金属。为了确定这一有色金属的价值，他花了500元做了化验。令人惊讶的是，经过检验，这是一种市价较高的铝镁合金。他细细算来，卖熔化后的金属材料要比直接卖易拉罐多赚许多钱。于是，他决定回收易拉罐进行熔炼，趁机赚一笔。

为了收到更多的易拉罐，他把回收价格也提高了。与此同时，他向收废品的同行发了一张卡片，上面清楚地写着回收价格和指定收购地点。7天后，他来到指定地点查看回收情况，看到许多辆装满易拉罐的货车。在短短的几天时间，他就回收了13万多个易拉罐。

接着，他马上投资开办了一个金属再生加工厂。一年的时间，加工厂就炼出了240余吨铝锭。到了第三年，他已经成为百万富翁了。

一个普通的收废品的人能将收来的东西改造，然后送到科研机构去化验，这是成功者应该具备的思维方式。用于化验的500元钱，不知要回收多少个易拉罐才能挣得回来，可是他却舍得投资，这就是成功者的思维。

　　机会面前，人人平等，一切都要你自己努力争取。只要你不甘于平庸，突破思维限制，有收获成功的决心，就可以将命运握在自己的手中。

追求可能，破障前行

在成功者的眼里，没有什么事是不可能的，因此，他们常以"一切皆有可能"为自己的人生信条。无数事实证明，成功之路并非一帆风顺，如果总是害怕挫折、困难，而不去创造自己的人生财富，那么最终只会停留在原地，没有什么发展。只有坚信"一切皆有可能"，不管遇到多大的挫折都能够坚持到底的人，才可能走出困境，获得成功。

本田公司创始人本田宗一郎开始创业时是一个身无分文的穷学生。当时，他梦想设计一个活塞环，然后卖给一家公司。在许多人看来，这简直是一件不可能的事。然而他认为：即使遇到再大的困难，只要努力，没有什么事是办不成的。

经过多年努力，他终于设计出了活塞环。他联系了一家公司，并很有信心地认为该公司一定会重用他，没想到却遭到了拒绝。

这是本田宗一郎首次遭遇人生的失败。有些人或许因为一次打击就会失去人生信念，但本田宗一郎并没有放弃。相反，他认为这家公司不买他的活塞环，是由于他的设计还不完美。于是，他又花费两年时间改造了活塞环。最终，他设计的活塞环被这家公司买了下来。

但本田宗一郎并不满足于现状。他决定创办一家活塞环工厂，这需要大量水泥。时值第二次世界大战，本田宗一郎的购买计划被日本政府否决。在这种情况下，人们都说："现在的日子已经不错了，想干这么大的事是不可能成功的。"

本田宗一郎并没有因此而放弃。他想，既然政府不给自己拨水泥，那就自己制造水泥，他相信一切皆有可能。

于是，他召集了各方面的朋友一同研究，找出制造水泥的新方法。在夜以继日地努力工作下，他终于制造出水泥，并建起一家属于自己的活塞环工厂。在他的努力下，工厂生意越做越大，最终获得了巨大的财富。

本田宗一郎的成功，在于他受到挫折时，并不认为这是一种失败，也不会心灰意冷而放弃自己的计划。他能在挫折面前冷静思考，凭着"一切皆有可能"的心理渡过一个又一个难关，最终走出困境，获取更多的财富。

任何人的一生都不可能一帆风顺，遇到挫折在所难免。一个人的事业是否辉煌，所取得成就的大小，取决于他所克服的困难的多少。挫折是人生中最宝贵的财富之一，它为我们提供了独特的学习机会。在挫折中，我们才能更清晰地找出自身的弱点。挫折并不可怕，关键是在面对挫折时，要把握好时机，将"不可能"的事情变成"可能"的事情。

在生活中，成功者每每提到获取财富之道，说的最多的一个词往往是"可能"。因此，要想成为财富的拥有者，最重要的是学会用"可能"代替"不可能"。

有一个男孩儿，他的父亲是一位马术师。他在很小的时候，就跟着父亲四处参加马术比赛。他们的生活既贫困又艰辛。在他的生活中，大部分时间都用来与父亲一起走南闯北，真正用于学习的时间少之又少，因此学习成绩很不理想。

一天，在课堂上，老师给同学们布置了一项作业：写一篇题目为"长大后的志愿"的作文。

当天晚上，男孩儿高兴地拿起笔，洋洋洒洒写了7页纸，描述了自己的美好心愿：长大以后，我想拥有自己的农场，在农场中央建造一栋占地5000平方英尺（约465平方米）的住宅，拥有很多很多的牛和羊……

几天后，老师将作业一一发给了同学们。当男孩儿拿到作业本的时候，看到老师给他打了一个又红又大的"F"，心里难受极了。不仅如此，老师还把他单独叫到办公室里。

男孩儿很难理解老师的做法，于是对老师说："老师，为什么我的作业不及格？"

老师解释道："你可以好好想一想，你的那些愿望根本不可能实现。你敢肯定你长大后是一个富人，你能确保买得起农场吗？你怎么可能建造5000平方英尺的住宅？这样吧，如果你愿意重新写一篇比较实际的作文，我会考虑给你重新打分。"

男孩儿回到家后，思来想去，不知是否需要重新写一篇作文。最后，他忍不住询问父亲，父亲看到儿子一副不开心的样子，语重心长地说："儿子，你不要担心。依我看，你现在拿个大红的'F'没有太大的关系，但绝不能轻易放弃自己的梦想。你要记住，只要努力，不可能的事情也会变成可能。"

男孩儿听后，把父亲对他说的这些话深深地记在心里。他没有重写那篇文章，而是更加努力地朝着自己的梦想而奋斗。

20年以后，这个男孩儿真的实现了他当初的梦想：拥有了一大片农场，在农场的中央坐落着一座豪华的住宅。

这个男孩儿到底是谁呢？他就是美国杰出的马术师杰克·亚当斯。

曾经有人说过这样一句话："成功路上最大的障碍其实是你自己。"因为你不敢相信自己能够克服困难，做成这件事。

对于喜欢画画的人来说，最重要的事情就是立即拿起画笔，开始画画。而对于那些想要获得财富的人来说，最重要的是相信一切皆有可能，把眼前不可能的事情变成可能。

破除心障，勇往直前

有人做了这样一个实验：

在桌子上放上一只跳蚤，一拍桌子，跳蚤就会迅速地跳起来，而且跳起的平均高度都超过其身高的100倍！

接着，用一个玻璃罩把跳蚤罩起来，跳蚤跳起来的时候，就碰到了罩顶。这样连续跳几次后，跳蚤再也跳不到罩顶的高度了。

随后，将玻璃罩的高度逐渐降低，跳蚤每次跳起来碰壁后，都主动降低自己的高度。于是，随着玻璃罩高度越来越低，以至于接近桌面时，跳蚤已无法再跳了。

最后，当实验人员将玻璃罩打开，再拍桌子时，跳蚤再也不跳了，只会爬。

跳蚤之所以不会跳了，并非它本身不具备跳跃的能力了，而是由于跳蚤已经适应了自己调整的高度，形成了固定思维。最令人感到奇怪的是，当玻璃罩不存在时，跳蚤居然连"再试一次"的勇气都丧失了。因此可以说，玻璃罩已经罩在了跳蚤的潜意识里，形成了一种思维定式。科学家将这一现象称为自我设限。

在动物身上，我们可以看到自我设限，人同样如此。

一个心存自卑感、感觉技不如人、家庭条件比不上他人、学历不及他人的人，由于总是认为"自己比不上别人"，从此破罐子破摔。在这种错误思想的指导下，无论做事还是学习，都会增加困扰，遭受更多的打击，有时甚至会因此患上神经功能方面的疾病。

一家国际知名企业在招聘中给应聘者出了这样一道题："就你目前的水平，你认为十年后，自己的月薪应该是多少？你理想的月薪是多少？"

结果，那些回答薪资较高的应聘者都被录用了。招考官员解释说："一个人对自己十年后工薪的评估，从某种程度上反映了他对自己未来抱有的态度。那些害怕自己走不出现在的圈子，甚至干得还不如现在好的员工，在工作中往往缺乏激情，容易把自己设限在工资能够养家糊口就行。如果他对自己的未来都没有信心，我们又怎能对他有信心呢？"

这种解释虽然不一定科学，但是至少说明了职场中对自我设限的否定。不自我设限的人虽然不一定成功，但是可以肯定，有抱负并且努力去追求的人，一定比那些不思进取的人更容易获得财富。日本索尼公司卯木肇说过："穷人与富人最根本的差别，并不在于天赋，也不在于机遇，而在于谁能冲出人为的限制！"换句话说就是："一个人要想致富，一定要有强烈的致富意愿，要有出人头地的愿望。"

一个人一旦有了自我设限的观念，带来的不仅是对失败的惶恐不安，还会对生活失去信心和勇气。时间久了，就会养成懦弱、狭隘、自卑、孤僻、害怕承担责任、不思进取、不敢拼搏的性格，最终影响生活与工作。

有一名毕业于牛津大学的学生，几经周折，也没有找到合适的工作，无奈之下，只好当了一名搬运工。可谁又能想到，他一干就是十几年。

有人问他："你可是从名校出来的高才生，为什么不换份工作？"

他失望地说："虽然我掌握了许多知识，但是十多年来，我几乎想不起来当初学习到了什么内容，再加上我没有工作经验，没有一家公司愿意要我。"

在这种意识的指导下，他一直当搬运工人。后来，由于经营不善，公司决定裁员，老板首先想到了这位牛津大学毕业生。

当被问及裁减的理由时，老板说："一名大

学生仅满足于搬运工岗位，他的存在对于公司毫无价值。"

自我设限的思维方式，使他满足于现状，消极度日，毁了自己的前途。

在职场上，同样有许多自我设限的人，他们总是草草了事，推诿塞责，不思反省，懒散、消极、抱怨、怀疑，以种种借口来遮掩自己的失误。

如果我们能够以积极的心态去面对每一项工作，就可以让自己的心灵引擎激发出无穷的能量，继而推动自己的进取心和创新意识。即使在平凡的工作岗位上，也会创造出不平凡的业绩。

要知道，只有努力付出，才会得到相应的回报。你需要从转变自己的思想和认识做起，努力培养自己勇于负责的工作精神，用积极的心态处理问题，从而打破自我设限。

一位成功人士说过："没有经历过困难的人，他的生命是不完整的。"在现实生活中，许多成功者出身于贫困家庭，但他们并没有为此而感到自卑，也没有消极沉沦，因为他们心中始终怀有出人头地的渴望，最终取得令人羡慕的成就。

　　成功属于那些想要成功的人，如果你不想去突破，挣脱固有思维对你的限制，将没有任何人可以帮助你。不论你过去怎样，只有调整心态、明确目标、积极乐观地去行动，才可能扭转劣势，获得成功。

突破限制

坚定信心，志在必得

信心是一个人行为的内在动力，是走向成功的动力与源泉。自信能够使弱者变强，使贫者变富。从古到今，很多成功人士都是从树立信心开始的。信心是成功的基石。有信心的人善于发掘自身潜力，正确认识自己的优势和不足。

小双大学毕业以后，在一家外企做翻译已经有5年了。由于公司效益较好、工资高，她手头上已经有一笔存款了。看到身边的朋友一个一个成了财大气粗的大老板，小双也寻思着做一笔生意。

这时，身边的刘哥要开一家幼儿园，正愁没有一个知根知底的合作伙伴。当刘哥知道了小双的心思后，主动上门向她讲清了合作的事宜、具体计划以及如何分红等。小双听了刘哥的一番话后，觉得是一个不错的投资机会，但是，由于缺乏这一方面的经验，仍然心存顾虑。刘哥看到小双一副犹豫不决的样子，只对她轻轻说了一句："你好好考虑一下吧，如果愿意的话，请告诉我一声，我有事就先走了。"

刘哥走后，小双觉得虽然能挣大钱，圆自己的发财梦，但是在她看来，自己还太年轻，个人经验不足，对许多生意场上的事情还不太懂……一旦投资失败，不仅一分钱赚不到，反而自己的钱也白白搭了进去。

第二天，刘哥亲自给小双打了一个电话，小双支支吾吾地说："刘哥，我觉得我能力不够，不能与你合作……"听了小双的话，刘哥只是说了一句："许多事情虽然不是那么简单，但是你要记住，成大事者切不可没有自信。"

一年后，在刘哥细心的经营下，幼儿园办得红红火火。

小双看到这一切，为自己当初的不自信后悔万分。

居里夫人曾说过这样一句话："我们应该有信心，尤其要自信！我们必须相信，我们的天赋是用来做某种事情的。无论代价有多大，这个事情必须做到。"在现实生活中，我们要想获得成功，一定要拥有自信心。

我们不应该总是羡慕别人的成功，羡慕别人家财万贯，我们自己应该拥有创造财富的信心。

巴菲特对股票的钟情程度非同一般。1941年，刚满11周岁的他便跃身股海，以38美元每股的价格购买了3股城市服务股票。几年后，城市服务股票每股涨到了200美元，他赚了一笔。

1949年，巴菲特考入哥伦比亚大学金融系。在这里，他从著名投资学理论学家本杰明·格雷厄姆那里学习了许多股票投资知识和技巧。

21岁时，巴菲特已经对自己的投资能力非常自信。经过仔细分析，巴菲特认为当时是进入股市的良机。为此，他征求了父亲和格雷厄姆的意见。二人以及其他经验人士认为，那时不是进入股市的良机，需要继续观察、等待。

虽然巴菲特认为他们说的有一定的道理，但是他确信自己的想法是正确的。对于巴菲特来说，这一步棋非常重要，他要考虑得更加周全。但是，在巴菲特进入股市之前需要解决一个最大的难题——钱。无论在生活上还是学习上，他都是一个厌恶借钱的人。为了证明自己的想法是正确的，他从奥马哈第一国家银行贷了大约5000美元。

巴菲特自信地认为，从短时间内来看，一个公司的经济基本情况虽然没有引起重视，但是时间长了，公司的良好资产就会被看到。他自信地认为，股票估价方面是他的强项。

后来，事实证明了他的判断。到1951年末，巴菲特的资产由原来的9804美元增值到19 738美元。后来，他通过努力，荣登2008年度全球富豪榜。

正是这种自信，使巴菲特成为有史以来最伟大的投资家之一。

自信是创造财富的推动力，能够让人完成那些别人认为不可能的事情。

在人生的路上，是迎难而上还是知难而退，是锲而不舍还是半途而废？凡是成功者，都是有信心的人。要知道，财富不是随随便便就可以获得的，而是靠坚定的信心和艰苦奋斗得来的。人生路上难免会遇到挫折，如果没有树立坚定的信心，理想最终就难以成为现实。

一个小孩儿总是深感自卑。他虽然渴望与其他小孩儿在一起嬉戏玩耍，但是，他不敢，他认为自己比不上其他小孩儿，于是他总是远远地跟在其他小孩儿的后面。

有一次，这个小孩儿走到街道的拐角处时，看见其他小孩儿正争抢着买气球，他们一人买了一个气球，兴高采烈地跑到公园里放飞去了。那些气球看上去美极了，红的、黄的、蓝的……

突破限制

这个小孩儿看到其他小孩儿手中的气球十分美慕，自己也想买一个，但是他没有钱，只是远远地看着。

卖气球的老爷爷发现了这个小孩儿，于是问他："孩子，你想要一个什么颜色的气球啊？"

这个小孩儿迟疑了一会儿，回答说："我想要一个白色的气球，但是我没有钱。"

老爷爷拿了一个白色的和一个红色的气球给了这个小孩儿，并对他说："好孩子，我送给你两个不同颜色的气球，是为了让你明白一个道理，气球能飞起来，主要是因为它内部充满了气体，并非因为它的颜色和形状。也就是说，一个人能否取得成功，并不取决于他的家庭环境，而取决于他是否有自信心。所以，要想让自己过上好日子，你一定要树立起自信心。"

这个小孩儿似乎明白了，自此以后，他树立了信心，扬起了生活之帆。

若干年后，这个小孩儿已经长大成人了。他成了一个著名的心理医生，过上了富足的生活。正是老爷爷的那番话，才让他有信心面对生活，改变了自己的命运。

从这个小孩儿的故事中，我们可以知道，信心对于一个人有着重要的作用。只有相信自己，才能激起进取的勇气，才能感受生活中的快乐，才能最大限度地挖掘自身的潜力，获得财富。自信是获得财富的通行证，而畏缩自卑则会被财富抛弃。

一个人的"命运"其实是一个人是否具有信心所产生的结果。好的思路是成功的关键，有了好的想法，才能干好一件事，才能赢得成功。信心是心灵的驱动器，当信心驱动了思想，人就会产生巨大的精神力量，从而创造更多财富。

每个人都希望财富之神光顾自己的家门，却不知道"信心"才是迎进财富的关键。

只有相信自己，我们才会激发出自己的潜能，才敢于奋力追求，实现自身价值。我们在生活中会遇到许多问题，最好的解决办法，实际上正来源于自信心。

致富语录

不要被自己的出身和现状限制，相信自己有能力改变命运，勇敢地突破自我、树立信心、积极行动。

第 3 章

顺势而为

同样的世界，在有的人看来，无限宽广，前景广阔；在有的人看来，只是一个狭窄的小空间而已，没有任何机会可寻。成功致富的机会处处都有，只是那些人没有看到而已。成功需要顺势而为！

舍近谋远，终成大业

有的人总是难以摆脱眼前利益的诱惑，认为眼前看得到的利益就是一笔可观的财富。为此，他们常常花费大量的精力和时间在它上面。然而，等事情做完之后，却发现，如果用同样的精力和时间去做别的事情，虽然暂时没有那么大的利益，可一旦做成之后，便会获得更多的财富。所以，我们应该明白一个道理，只有拥有长远的目光，才可能获取更大的利益。

很久以前，有两个十分饥饿的人走在大路上。正在这时，他们遇到了一位长者。长者看到他们可怜，于是就赠给他们两件礼物——一张渔网和一篓新鲜的鱼。其中，一个人要了那篓鱼，另一个人则要了渔网。之后，两个人就在一个路口分道而行了。

从长者那里得到鱼的人，由于饥饿难耐，没走多远，便找了一个地方用干柴搭起篝火，把全部的鱼都烤熟吃光了，不久后，因为没有食物，他便在空空的鱼篓旁边饿死了。

另一个人虽然也很饿，但是他依然带着渔网跋山涉水来到了河边，开始捕鱼。一年后，他用卖鱼赚到的钱盖起了房子；两年后，他娶了一个贤惠能干的妻子，过上了幸福的生活。

故事虽短，但是我们可以从中学习到一个道理：眼前的利益终是有限和短暂的，一个人如果只顾眼前的利益，那么得到的只能是片刻的欢愉。正如那个只顾眼前利益，要一篓鱼的人一样，如果过分看重眼前的蝇头小利，则无异于为自己的将来设置障碍，最终失败而归。

在对待一件事时，切不可只看眼前的蝇头小利，应该从长远利益着想，只有这样，才可能赢得财富，获得成功。

不要被眼前的利益迷惑，要有长远的规划，制定一个长远的目标，但也不能脱离现实，要把近期利益与长远利益相结合，把

顺势而为

理想和现实有机结合，这样才有可能获得财富。

胡雪岩在创办药店"胡庆余堂"之初，制定了以下策略：三伏酷热之时向路人散丹施药以助解暑，丹药免费，但丹药小包装上必须都印上"胡庆余堂"四个字。此时正值朝廷花大力气镇压太平天国之际，"胡庆余堂"开发并炮制大量避疫祛病和治疗刀伤金创的膏丹丸散，供应朝廷使用。

虽然这些药成本不菲，但是胡雪岩不为眼前利益所迷惑，而是抓住了市场时机，扩大声誉，眼光长远的他所采取的策略起到了提高知名度、开拓商品市场、建立商事信用的作用。正是靠着这些长远举措，"胡庆余堂"从开办之初就站稳了脚跟，很快成为遍布江浙、辐射全国的一流药店，且历数十年而不衰，而由"胡庆余堂"建立起来的声望、影响所形成的潜在效益，对胡雪岩的其他生意，如钱庄、丝茶、当铺等，也起到了很大的作用。

从这个例子可以看出，胡雪岩虽然是一个商人，但是他并不为眼前利益所动，反而将眼光放在扩大"胡庆余堂"的声誉上，最终成为无人不知的"红顶商人"。放弃眼前的小利益，追求长远的大利益，方能帮助一个人取得更大的成就。

目标为舵，志向驱动

目标是一个人的心理预期。一个人有了长远的目标或强烈的渴望，才会有一种内在的自驱力去为目标努力奋斗。

在生活中，有的人会精心设计自己的未来。为了获得更多的财富，他们树立长远的目标，认真地规划自己将来要成为一个什么样的人，想做些什么，想拥有什么，想获得什么……

大多数成功者在他们还未取得成功时就立下了成就事业的理想。他们会在做一件事之前先确定好方向，然后才行动。目标如同人生的航标，引导他们披荆斩棘，勇往直前，直达理想的彼岸。在目标的指引下，他们宛如上紧弦的发条、离弦的箭，表现出一般人所没有的意志力，在人生的道路上，不断前进。

起初，赵春芳（化名）只是一家软件公司的普通员工。从她刚刚走出校门来到这家公司的第一天起，她就为自己定下了明确的目标：在三年之内由普通员工晋升为部门经理。于是，"部门经理"就像一面旗帜一样，提醒她必须时刻按照部门经理的身份要求自己。正是因为有了目标，她尽心尽力地做好每一件事，对工作的热情始终不减。虽然这样工作，她的身体有时会吃不消，但是在劳累过后，她只要看到自己优秀的业绩，便会露出欣慰的笑容。

不到一年，她就得到了老板的赏识，被提拔到主管的岗位。从此以后，她工作起来更加努力了。

经过不懈的努力，她的工作能力和工作业绩日渐提高。老板看在眼里，记在心上。令赵春芳没有想到的是，在年底的时候，老板破格提升她为部门经理。在公司里，她成为升职最快的一位经理。

从这个例子中我们不难看出，赵春芳从普通员工迅速升至主管，不久后又升为部门经理的重要原因：在目标的鞭策下，她发挥出最大的工作潜能。

相反，如果没有目标，在人生道路上则极易迷失方向，也不知道自己离成功还有多远。此时，人们的内心十分脆弱，当强烈的无助感袭上心头时，人们心中本应有的意志力便会一点点地被剥夺。这样一来，潜能的闸门就会因此而被关闭，人们也就无力干任何事，自然难以取得成功。

对于任何一个人来说，目标的作用都是非常大的。然而，有很多人忽视了长远目标的重要作用。

肯德基的创始人在临终前，对人们说了这样一句话："一个人想要成功，需要具备两个优秀的品质，一是要有明确的目标，二是要有坚强的意志。"没有树立长远目标的人，想法和做法多少都会带有局限性，最终将与成功失之交臂。

桑德斯上校创业时已经65岁了。当时，他身无分文，以美国政府为他发的救济金为生，但是他并不甘心这样过下去。

桑德斯唯一拥有并可以称为创业条件的就是他有一个人人都喜欢的炸鸡秘方。于是，桑德斯开始拟定自己的创业目标：首先，找一个合作伙伴；其次，努力创业；最后，开一家属于自己的店，自己做老板。

身无分文的桑德斯想要创业谈何容易，资金、精力、经验、年龄等方面他都没有优势。客观来讲，桑德斯制定的目标虽然可行，却是一条充满艰辛的道路。这时，如果桑德斯心中信念不坚定，想要走上财富之路可不是一件容易的事情。

桑德斯制定目标后，把自己的想法告诉了每一家餐馆。几乎所有的人都冷言冷语，以嘲讽的态度对待他，甚至有些人还误以为他是精神病患者。大家都认为他这么大的年龄还想成功创业，简直是开玩笑。

但是，桑德斯并不气馁，自信地认为自己的创业目标终有一天会实现。创业的热情像烈火一样持续燃

顺势而为

烧着。就这样，桑德斯为了实现他的创业目标，足迹几乎遍及美国的每一个角落，逢人便说他的计划。

终于，在向人们诉说了1009次之后，他的计划被人接受了。也正因如此，我们才能看到今天遍布世界各地的肯德基。

桑德斯为了实现自己的目标，带着自己的创业计划和创业目标，在两年的时间里，足迹遍布整个国家，被拒绝一千多次还能够热情依旧、不言放弃。如果我们能够向桑德斯学习，把困难当作考验，为了实现自己的财富之梦，即使饱尝艰辛，也不放弃，哪有目标不实现、不成功的道理呢？

可以这样说，目标是成功的航标，是走向财富的必经之路……由此可见目标的重要作用。

美国汽车大王亨利·福特全球闻名。他之所以能成功，是因为他很早就树立了长远的人生目标。

他在自传中写到了许多关于自己人生目标的内容，他说："我将为广大群众制造一种汽车，它大得足够一家人乘坐，但也小得只要一个人维护就够了。"

在树立人生目标之后，亨利·福特一直坚持朝这一人生目标前进，最终实现目标，成为众所周知的汽车大王。为了实现自己的人生目标，亨利·福特节衣缩食，深入研究工作。但随着研究工作的不断深入，资金越发不够用了。面对这种情况，亨利·福特并不在意，没有现金就分期付款购买材料，为此，他债台高筑，生活捉襟见肘……

后来，对于亨利·福特为全人类做出的巨大贡献，美国《纽约时报》曾这样评价：当他来到人世时，这个世界还是马车的时代。当他离开人世时，这个世界已经成了汽车世界。

从这个例子我们可以知道，亨利·福特的成功源于明确的人生目标。实际上，每个人都有不可估量的潜在力量，只有"目标"这把神奇的钥匙，才能开启这些力量，使人们在前进的过程中不误入歧途，并因此充满动力，努力奋斗，到达胜利的彼岸。

顺势而为

识破表象，拒绝盲从

　　有的人根据行业发展趋势去投资，有的人只看表面现象去投资。看趋势投资的人往往能取得成功，只看表面现象的人往往会投资失败。

　　北京曾有一家于1917年创办的名叫大有油盐粮店的商铺，在当时小有名气。后来，由于经营不善，几乎年年亏损。1935年，该粮店几乎到了倒闭的地步。就在这一年的秋天，一个叫常子久的人通过股东大会担任了大有油盐粮店的经理。

　　自此，大有油盐粮店的生意越做越大。那么，常子久到底有什么妙计呢？其实很容易理解，他善于观察事物发展的趋势。

1937年，华北局势动荡，物价时高时低。在这种情况下，大有油盐粮店非常重视预测市场。每天早上，常子久和员工做的第一件事就是派专人去粮食市场进行调查。长期以来，他们积累了丰富的经验，制定了一套经营方针——"一涨买，二涨买，三涨不买；一落不买，二落不买，三落必买"。基于此，在粮价低时买进，在粮价涨时卖出，通过这种方式，他们赚了一大笔钱。不仅如此，库中的存粮总量一直以来也未出现过多或过少的问题。

1945年，物资极度缺乏，物价大幅度上涨。许多粮店认为粮价还会不断上涨，迟迟不肯将粮食卖出。然而，大有油盐粮店并没有跟风。他们经过分析，预测物价很快就会下降。所以，大有油盐粮店决定倾销库存粮食。没过多久，物价就开始下跌，许多粮店因此蒙受损失，但大有油盐粮店因看准趋势，大赚一笔。

在市场竞争越来越激烈的今天，更加凸显了看清趋势的重要性。看清趋势，就获得了强大的惯性。逆水行舟，不进则退。顺应趋势，紧跟趋势，势不变则守，势变则动，这就是成功的法则。

江苏春兰集团董事局主席、首席执行官陶建幸在总结自己的成功经验时说道："我成功，是因为我看清了趋势。"

20世纪80年代中期，陶建幸担任江苏泰州冷气设备厂厂长，该厂是春兰集团的前身。当时工厂规模小，产品种类杂乱，产量低，技术落后，完全没有竞争力。

国家的政策是允许一部分人先富起来，陶建幸敏锐地感觉到家用空调这一奢侈品将来肯定会受到追捧，于是他果断砍掉了工厂的部分生产线，集中精力生产家用空调。当时，人们甚至不知道空调为何物，春兰几乎成了空调的代名词。1987年，柜式空调投放市场，出现了供不应求的局面，仅凭这一项，当年的春兰就实现利润117万元。此后的几年，春兰不断有新产品问世。1989年，春兰空调跃居全国空调厂家之首，这一地位一直保持到1997年。

就在春兰如日中天的时候，陶建幸却认为，家电是一个夕阳产业，于是他做出了一个近乎疯狂的决定：1997年，春兰以7.2亿元收购了东风集团在南京的一个汽车制造公司，组建南京春兰汽车有限公司，这一事件也被媒体戏称为"冬去春来"。经过三年的整合，春兰豪华中型卡车在2001年投产。春兰卡车一举改变了中国卡车低端的形象，一度出现了供不应求的局面。

2002年，陶建幸在致力于卡车事业的同时，并没有减少对春兰空调的投入力度。春兰空调技术上的研发一直没有中断，"静博士"使春兰空调达到了世界先进水平，促进了中国空调业制造水平的整体提升。

后来，陶建幸隐约感觉到，能源问题会是制约世界发展的一个大问题，空调用电、汽车耗油，能源问题肯定会制约家电和汽车业的发展，新能源行业发展是大势所趋。于是，春兰集团再一次调整了自己的战略部署——进军新能源产业。春兰集团为自己的新能源产业制订了三步发展计划：第一步做镍氢动力电池，并实现与世界同步；第二步是做燃料电池；第三步是做发电设备和太阳能电池。

当下能源紧缺和新能源利用的趋势，我们不得不佩服陶建幸的眼光。他把家电行业的趋势看得如此透彻，"号脉"中国卡车行业的趋势如此准确，甚至在大的能源结构方面都能有正确的认识。在他看来，认清趋势就是他成功的法宝。

　　跟随别人的步伐不一定能取得成功，跟随趋势才是成功的关键。网络刚刚出现时，有几个人会料想到，它会成为生活中不可或缺的一部分呢？但是，就在当时，马云以网络为平台，建造了"阿里巴巴商业大厦"；李彦宏以网络为基石，筑起了"百度大厦"；张朝阳以网络为门户，建立了中国最大的门户网站。他们之所以成功，是因为看清了趋势，他们知道，网络风靡中国的趋势，是阻挡不了的。

　　人人都渴望成功，但如何才能成功？关键在于看清趋势，顺势而为。当大多数人还在原地踏步时，有的人早已顺着趋势，"轻舟已过万重山"了。对于成功者而言，趋势就是自己的财富，明智的人无时无刻不在看趋势，一旦看清，就毫不犹豫地行动，去准备、去开发、去利用。

预见未来，看十走一

高超的棋手在下每一步棋之前，都会考虑后面几步棋的局势，不轻易落子，因为他知道，一步走错，可能导致全盘皆输。

成功者做事情，会尽量使自己看清十步之外的状况，以便及时避开对自己不利的局面，确保自己始终走在正确的道路上。

索尼从一家小公司开始，一步步建立起商业帝国，在这个过程中，索尼是怎样用前瞻性的眼光保证决策的正确性呢？

随着日本国内市场的饱和，索尼的发展遇到了瓶颈。如何才能保持利润的快速增长是盛田昭夫考虑的问题。最后，他得出结论，要想把索尼做大做强，必须挺进国际市场。但是，又一个问题摆在眼前，挺进哪一个市场？美国还是欧洲？虽然都是大的经济体，但是考虑到美国跟日本千丝万缕的联系，最终盛田昭夫决定进军美国市场。

凭着自身的优势，索尼刚进入美国市场就得到了一家大公司——布罗瓦公司的青睐。布罗瓦公司看上了索尼的一种小型收音机，决定订购10万台。布罗瓦公司依仗着自己是大公司，资历老，而索尼又是初来乍到，所以附加了一个非常苛刻的条件：这10万台收音机必须贴上布罗瓦的商标进行出售。

刚刚登陆美国的索尼，脚跟还没有站稳，10万台的订货量确实非常具有吸引力。但如果换上布罗瓦公司的商标，就意味着索尼的产品并没有真正登陆美国，也就失去了品牌效应。虽然眼下能够盈利，但是对索尼的长远发展是不利的。于是，盛田昭夫拒绝了布罗瓦公司的要求。对方很是吃惊："我们的牌子是用50年的时间打造起来的，而你们的牌子在美国根本没有人知道。"盛田昭夫十分坚定："50年前的贵公司跟现在的索尼没有差别，我们正在朝着50年后迈出第一步。"对方被盛田昭夫的气魄打动，取消了不合理的要求。

可盛田昭夫还是发愁，10万台收音机要在短时间内完成不是不可能，只要增加生产线就可以做到。但是，这毕竟只是一笔生意，如果盲目地增加生产线，就会增加公司成本。如果接下来的订单不能连续，那么公司增加的生产线就会浪费，在不盈利的同时增加了成本。所以，盛田昭夫没有盲目增加生产线。但是如何才能使对方以对我公司最有利的数目订货，又能使订货持续下去呢？按照常规的订货思路：订货越多，单价越低；订货越少，单价越高。布罗瓦公司就是按照这个思路做的，所以盛田昭夫决定从价格入手，他设计了"U"形价格曲线。就是5000台以下，价格维持不变；5000台以上，价格降低；到1万台时，价格最低；1万台以上，价格变高；10万台时价格最高。结果对方果然按照盛田昭夫的设计，首批订了1万台，之后再持续下订单。索尼也可以从容地生产了。

在索尼登陆美国市场之初，盛田昭夫的深谋远虑保证了索尼正确地跨出第一步。如果当初把索尼的品牌换成布罗瓦，那可能以后美国人永远不知道索尼；如果因为订货量非常大而盲目增加生产线，那可能会使索尼因为庞大的设备消耗而破产。盛田昭夫正是看到了索尼在美国未来的发展才做出了如此精明的决定。

索尼的成功表明，成功者走的每一步，都不是轻易迈出的。他要在看到十步之外局势的前提下，迈出当下的一步。他要保证当下的这一步是正确的，是通向目标的。

王某曾在一家公司打工，不甘于一直为他人工作，于是自己开办了一个加工厂。创业初期，工厂的业绩还可以，但随着市场的竞争越来越大，工厂的技术明显落后，导致利润越来越薄，甚至出现亏损。

王某不甘落后，打算引进新的技术。经过努力寻

顺势而为

找，王某看中了一项技术专利，想将其引入。此时，工厂的技术员劝说王某："这项技术是很好，但是由于操作周期很长，可能会使公司发展明显落后于其他竞争者，而且另一家研究所正在研究一项新的技术，听说快要完成了，所以现在购买这项技术可能会很快过时。"

王某不听劝告，执意引入。当用这项技术生产出产品以后，王某发现，市场上已经有更好的产品出现了，人们已经不需要他的产品了。

王某没有看准未来的市场前景，没有根据未来市场的需求规划当下的生产，导致产品滞销，高额的投入变成了堆积如山的库存。

前瞻性的眼光决定了你当下的正确决策。做事要有远见，人生的小船才能避开暗礁和浅滩，进而驶入成功的港湾。如果没有远见，只是低头做事，就会碰到各种各样的问题，甚至将自己置于危险之中。

立足现实，着眼未来

有位哲人曾说："眼光比财富更重要。"一个人即使拥有大笔财富，如果他不善于经营，只顾享受，就是再多的财富终有一天也会花完。如果一个人具有非凡的洞察力，且目光长远，即使一时贫穷，也终会创造巨额财富。

万事万物都处于不断发展变化之中。要认识和改造我们的外部世界，一定要学会用发展的眼光看待问题。说得简单一点，发展的眼光指的是按照事物的发展规律，对事物未来发展方向和趋势做出预测，从而为我们提供更多的良机。

纵观古今中外，但凡成功获取财富的人都是有极强预见能力的，世界上最穷的人并非身无分文者，而是那些缺乏发展眼光的人。一个人的眼光发展到了什么程度，他的财富和事业就能进展到什么程度。

顺势而为

远见与一个人的职业和身份无关，他可以是一个货车司机、营业员、职业经理人、大学教授、公司小职员、农民。远见跟独特的思维方式一样，不是人生下来就具备的，而是一种可以培养出来的本领。

人应该以发展的眼光看待事物，顺应事物的发展规律，明白万丈高楼要从地基开始打起的道理，立足现实，着眼未来。目光长远的人能够看到别人看不到的东西，为自己找到无限的机会。

社会在不停地发展，不同的时期会出现不同的行业。目光长远的人在某个行业还处于弱势时，就能预测其以后的发展势头，从而为自己的人生创造辉煌。

接下来，是一个流传很广的笑话：

很久以前，有一个法国人、一个美国人和一个犹太人触犯了法律。审判后，法院判他们入狱三年。

在入狱之前，法官对他们说："现在，我可以满足你们每人一个要求。"美国人请求："我平时喜欢抽雪茄，你给我三箱雪茄吧！"法国人对浪漫情有独钟，于是他对法官说："我想要一个美丽姑娘，陪我度过这三年。"而犹太人经过再三考虑后说："你给我一台电脑就可以了。"

三年时间一晃而过，首先从监狱里冲出来的是美国人，他的嘴里和鼻孔里塞满了雪茄。由于他忘记和法官要火了，于是大声向亲人说："给我火，给我火！"

第二个出来的是法国人。只见他一手拉着已经怀孕的妻子，一手抱着一个小孩儿。

犹太人是最后出来的，他做的第一件事就是感谢法官。他对法官说："三年的时间里，我利用电脑每天与外界沟通，生意越做越好，赚了很多钱。现在，我应该好好感谢你一下。说吧，你想要什么，只要是我可以做到的，就一定送给你！"

虽然这只是一个笑话，但是其中蕴含着深刻的道理：正是他们三个人在看待同一件事物时眼光不同，才造成了他们最后不同的结果。

如果你想拥有更多的财富，就必须用"望远镜"看未来，用远大的志向激励自己，同时朝着自己的人生目标奋斗。

洛克菲勒是世界上第一个拥有亿万财富的人，他所取得的成就不仅取决于他从父亲那里耳濡目染的经商哲学，从母亲那里学到的精细、守信、一丝不苟的品德，更主要的是他在创业中锻炼出来的前瞻性眼光和敢于为之冒险的魄力。

洛克菲勒在19岁时，还只是一个倒卖谷物和肉类的小商人。1859年，他刚20岁，美国的宾夕法尼亚州蒂特斯维尔出现了第一口油井，洛克菲勒这个精明的青年商人从当时世界各国的石油热潮中看到了这项事业前景可观，于是，他决定冒险。

在与对手争购安德鲁斯－克拉克公司的股权时，

洛克菲勒每次出价都比对手出价高。当标价达到5万美元时，双方都知道这一价格已经大大超出石油公司的实际价值。但洛克菲勒满怀信心，决意要买下这家公司。当对方最后出价7.2万美元时，洛克菲勒毫不迟疑地出价7.25万美元，战胜了对手。

洛克菲勒的远见为他赢得了石油生意的第一桶金，当他所经营的标准石油公司在激烈的市场竞争中控制了美国出售全部炼制石油的90%时，他所拥有的财富已经不可想象。

实际上，一个人要获取财富，不仅需要锐利的眼光，还需要胆识和决心。

19世纪80年代，人们在利马发现了一块大油田，因为含硫量高，人们称之为"酸油"。当时没有人能找到一种有效的办法提炼它，因此石油只卖一角五分钱一桶。洛克菲勒预见到这种石油总有一天能找到一种方法提炼，坚信它的潜在价值是巨大的，所以执意要买下这块油田，当时，他的这个提议遭到董事会多数人的坚决反对。事后，他只得说："我将冒个人风险，自己拿出钱去收购这一产品。如果有必要，我将拿出200万或是300万。"洛克菲勒的决心终于使董事们同意了他的决策。结果，不到两年时间，洛克菲勒就成功找到了炼制这种酸油的方法，油价由一角五分涨到一元。标准石油公司在那里建造了全世界最大的炼油厂，利润猛增到几亿美元。董事会的成员最后不得不承认，洛克菲勒比他们所有人都看得远。

盲从无财，独创生金

想要成为成功者，就不能随波逐流。因为很多财富都来自开创性的发现，一味跟在别人身后，别人做什么，你也做什么，很难拥有滚滚财源。

马云是阿里巴巴集团的创始人，其实他刚开始是从事英语教学的，后来创办了翻译社，经历了不少挫折，但也积累了宝贵的经验。

一次，他前往美国出差，第一次接触到互联网。由此，他想到了中国庞大的市场潜力。如果搭建一个连接中小企业的电子商务平台，那么它的前景一定不可限量。于是，马云决定转型，投身互联网行业。此时，正值20世纪末，全球互联网泡沫初现，许多人对新兴技术持怀疑态度，不少企业因资金链断裂而倒闭。这却让马云看到了机会，他坚信互联网将改变中国商业生态，于是召集团队在杭州创立了阿里巴巴。

起初，阿里巴巴专注于B2B（企业对企业）业务，帮助中小企业拓展海外市场。尽管遭遇质疑，但马云始终坚信方向正确。2003年，他抓住时机推出"淘宝网"，瞄准C2C（消费者对消费者）市场。凭借免费策略和本土化服务，淘宝迅速击败国际巨头eBay，成为中国电商领军者。

随着中国互联网经济的腾飞，阿里巴巴的用户量和交易额呈指数级增长。2014年，阿里巴巴集团在纽约证券交易所上市，创下美股历史上最大的IPO（首次公开募股）纪录。马云通过支付宝、蚂蚁金服等业务，构建起覆盖金融、物流、云计算的庞大生态圈。

后来，马云看到数字经济与实体经济的深度融合趋势，又通过"达摩院"和"阿里云"加码人工智能、云计算等前沿领域。阿里巴巴的技术成果逐步应用于智慧城市、农业科技等领域，甚至助力东南亚、非洲等地的数字化转型，成为全球科技创新的重要力量。

如果看准了方向，遇到了好机会，那么就不能犹豫徘徊、左右观望。要知道，机会往往都是稍纵即逝。不论在现实社会中，还是在职场较量中，都要选择恰当时机，该出手时就出手，不仅能赢得业绩，还能赢得人心。

李光前是新加坡华人企业家，颇具经营才能。1914年，他被聘为新加坡中华国货公司的英文财务，并处理采办与交涉等事务。当时，中国商务印书馆与中华书局分别出版了新型的"共和版"课本和"中华版"教科书。东南亚各地有许多华侨学校，采用的仍是清末的旧课本。李光前目光敏锐，觉得机不可失，于是与国内出版社联系，买入大批新教科书转售给各华侨学校，为公司赚到一笔可观的收入。

1928年，李光前创立了自己的公司——南益树胶公司。在这之前，他准备购买胶园，扩大规模。这时，刚好有一个英国商人准备回国，想把麻坡的404公顷左右的胶园以10万元价格出售。李光前调查之后决定购买。然而，他的岳父陈嘉庚表示反对，因为胶园经常有猛虎伤人。如果工人不敢去割胶，胶园再便宜，也会荒芜。李光前则认为胶园价格将会倍增，并且政府已准备在该胶园附近修建公路。有了公路，人来车往，老虎也会绝迹。李光前坚持己见，筹钱把胶园买了下来。

不久，李光前的预言变成了现实。政府在此胶园附近修建公路，胶园价格暴涨了2~3倍。1928年，李光前把这片胶园以40万元的高价售出。在短短一年内，李光前就净赚了30万元。他正是用这笔钱创办了南益树胶公司。

成功者的眼光总是超前。他们站得高、看得远，能认清事物发展的趋势，仔细观察问题、分析问题，所以总是胜人一筹。不管你选择什么职业，如果不想平平淡淡地过一生，那么一定要将自己培养成一个认清趋势、顺应时代发展的人。只有这样，才有可能成为财富的拥有者。

山姆·沃尔顿创立的沃尔玛公司是世界首屈一指的零售业巨头。从1968年到1978年，公司纯收入增长了600%；1987年到1997年，其业绩平均增长速度高达26%。这一速度在世界大公司中实属罕见，它无疑是全球增长最快的公司之一。山姆·沃尔顿的成功得益于他能够认清潮流，顺应时代发展，抢先抓住了机会，从而获得了巨大利润。

沃尔顿以其独到的眼光看到了商店的发展趋势——农村和小城镇市场有发展潜力。但是，他向合伙人建议在小城镇开办折扣店的设想遭到了拒绝。按美国零售业经营常识，在人口不到5万人的小城镇开办折扣店是行不通的，但沃尔顿以惊人的魄力打破了惯例。1962年，沃尔顿与其兄弟一起开设了第一家沃尔玛折扣店，此后便不断扩张，渐成燎原之势。

沃尔顿早年服役于陆军情报团的经历使其特别重视信息沟通。事实上，在"沃尔玛"这个庞大的集团式购销网络中，以卫星通信和电脑管理为代表的信息化高科技联络方式起着举足轻重的作用。20世纪80年代初，当其他零售商还在钻"信息化"这个问题的牛角尖时，"沃尔玛"便与休斯公司合作，花费2400万美元建造了一颗人造卫星，于1983年发射升空并启用。"沃尔玛"先后花费6亿多美元建起了当时的电脑与卫星系统。借助这套高科技信息网络，"沃尔玛"部门间的沟通、各业务流程都可迅速且准确畅通地运行。正如沃尔顿所言："我们从我们的电脑系统中获得了力量，成为竞争时的一大优势。"

时至今日，"沃尔玛"仍在以其独特的活力和惊人的速度迅速增长。这与山姆·沃尔顿的睿智是分不开的，正是他认清致富的潮流，敢于冒风险，敢于积极地面对竞争，才赢得了一个又一个的商业机会。

善于抓住机会的人总是那些能够看清商业发展趋势的人，机遇一旦出现，就立刻出手，赢得胜利。

致富语录

　　不要只关注短期利益，要有长远眼光，学会从趋势中寻找机会，顺势而为，这样才能在财富的道路上走得更远。

第 *4* 章

敢想敢干

要想收获成功，必须播撒行动的种子。

空谈无果，实干生财

　　在现实生活中，有这样的人：想法多、实践少。他们习惯于夸夸其谈，但实际动手能力不足，常常是想的和说的多，而实现的少。

　　人生所有的设想和计划只有付诸行动才有可能变为现实。不管是多么伟大的构想，如果不做，就不会给自己带来什么收获。所以，人生的关键就是行动。在生活或工作中，有些人就是看不见小事情，不愿意做小事，总想干一番轰轰烈烈的大事，可是一直没有大事让他展现自己的才能，常常感叹英雄无用武之地。其实，这都是眼高手低的缘故，大事做不来，小事又不干。高楼大厦是由一砖一瓦垒起来的，万里长征是一步一步走过来的，所有的大事业都是从小事情一点一点发展起来的。

　　要想人生有所作为，走向成功，就必须从小事做起，把行动和想法结合起来。

财富的丰碑是由很多小事堆砌而成的。只有想法，没有行动，永远不会成功。

认准目标后立即行动，不要想那么多，在做的过程中遇到问题，解决问题，最终才能实现目标。如果不做，一直等下去，就不会有任何结果。

从前，有一个很有才华的年轻人，整天梦想着要写一本世界名著，对于那些豆腐块的小文章不屑一顾。结果，许多年过去了，名著没有写出来，小文章也没有写出来，年轻人白白地让满腹才华失去了表现机会。

与此相反，另一个年轻人多年来一直写各种各样的小文章，积少成多。最后，他写出了许多著作。

两种选择，两种不同的结果告诉我们：只想不行动是不可能实现理想的。

克雷洛夫说："现实是此岸，理想是彼岸，中间隔着湍急的河流，行动则是架在河上的桥梁。"想法是理想，只想过河，不行动，永远到不了彼岸。只有行动才会产生结果。任何伟大的目标、伟大的计划，最终必然要落实到行动上。

成功始于良好的习惯，也离不开明确的目标，这都没有错。但这只相当于给你的赛车加满了油，明确了前进的方向和线路，要想抵达目的地，还得把车开动起来，并保持足够的动力。

沉浸于幻想而不付诸行动，那是弱者的行为。敢想固然好，

敢想敢干

但沉浸于此，不去行动，必将一事无成。

今天是小李入职的第一天，电梯里擦肩而过的每个同事都像从时尚杂志上剪下来的：身着名牌外套的女主管翻看着报表，带着古龙香水味的男同事的腕表折射出冷光，连前台姑娘的珍珠耳坠也显得格外精致。

"总有一天，我也要穿名牌，站在落地窗前签千万合同。"小李望着茶水间里谈笑风生的精英，在心中暗暗发誓。

当同期新人都在加班加点跑客户时，小李的工位永远擦得一尘不染。他端着现磨咖啡，悠闲地看着窗外，对同事递来的方案草稿报以高深微笑。市场部急得跳脚的季度指标，在他看来不过尔尔，既不需要用心，也不需要费时。

"李哥，王总说这个方案明天要……"实习生多次捧着文件来找他。

"这有什么好着急的，你去把这个小活儿交给小明吧！"小李转着钢笔，没看见实习生转身时翻了个白眼，也没注意到茶水间里同事们悄悄给他起了个外号——理想大师。

"您不符合我们的发展需求。"人力资源把解除劳动合同通知书递过来时，小李诧异极了，不明白自己到底哪里出了问题。

直到有一天，他在街上遇见了和自己同期进入公司的小明。

"你还在找'一鸣惊人'的机会？知道为什么我升职了吗？在你喝茶看云的时候，我跑烂了三双皮鞋，半夜还在改报表，写新方案。"

直到这时，小李才如梦初醒。

只有行动，才有可能创造财富、改变命运，给人带来无限的满足。关于行动的重要性，成功者深有体会：没有行动，理想永远是句空话；只有行动，理想才有可能变成现实，人生才能走向成功。

成功者从不是夸夸其谈的空谈家，他们总是带着美好的愿望去生活，并通过自己的行动，把愿望变成现实，所以你要想成功，不仅要有理想，还要付诸行动。行动是很实际的一件事情，你要制订行动的计划，学会行动的方法，就像愚公移山一样，一件一件地去做，最后才能搬走阻碍你向前的大山。

任何一个愿望都有实现的可能，把这个可能变成现实，就需要你付出努力，没有付出就不会有收获。

空想，任何人都可以做到，但是把空想变成现实，就要有将实际行动和想法结合起来的能力。为什么很多人只是空想而不行动呢？因为做任何事情都会遇到困难，就是这些困难，挡住了他们前进的脚步。

　　要想将事情做好，把一种想法变为现实，必然会遇到种种困难。假设你从A地开车到B地，如果等到"没有交通堵塞、汽车性能没有任何问题、没有恶劣天气、没有喝醉酒的司机、没有任何类似意外"之后才出发，那么你什么时候才能到呢？所以，当你计划去B地时，应先在地图上选好行车路线，检查一下车，并且尽量考虑出现其他意外的应对方法，这些都是出发前需要准备的事项，但最重要的是，你要立即出发。

勇于行动，抢占先机

俗话说："做事赶早不赶晚。"每个人都渴望获得财富，但在现实生活中并不是每个人都能实现这个梦想。究其原因，能实现财富梦想的人，大都勇于行动，能既快又好地抓住机会。

成功者认为，采取多大行动就会收获多大成功，而不是你知道多少，就会有多大的成功。不管你现在决定做什么事，不管你设定了多少目标，要把行动和想法结合起来，唯有这样，才可能成功。

凡是想成功、想实现财富梦想的人，都应该有勇于行动的精神。只有这样，才可能将理想付诸实践，变理想为现实。

斯通和他的伙伴研制出一种新轮胎，这种轮胎不易脱落且储气量大。当轮胎试验成功后，斯通发现了两个问题：一是资金不足，难以很快投入生产；二是销路打不开，不能获得利润。正当斯通一筹莫展的时候，他得到了一个消息：福特汽车公司研制出一种价格便宜的汽车，准备投入生产，卖给普通民众。因为斯通在底特律当推销员时，曾与福特汽车公司的老板福特有数面之缘，所以他觉得这是一个千载难逢的机会。于是，他决定赶快采取行动，带着几只刚做好的轮胎，亲自到底特律去求见福特。

一见到福特，斯通就说："福特先生，听说您研制了一种新车，我给您带来了一种新轮胎。"

"那您肯定也知道，这种新车的特点就是价格便宜，"福特笑着说，"可能用不起好轮胎，轮胎只要坚固就可以了。"

斯通运用其卓越的推销技巧，说："我了解您的想法，我敢保证，这种新轮胎一定适合您的新车，并且，这种轮胎刚研制出来，还没有投入市场。"说到这里，斯通压低了声音，向前探着身子，故作神秘地说："其他人别说用，看都还没看到过。"对于一向喜欢新鲜事物的福特来说，最后这句话引起了他的兴趣，并答应斯通进行试验的请求。

经过各种试验，福特对这种新轮胎非常满意，但觉得价格偏高。斯通立即表示可以降价供应，福特当时就同意了。福特汽车公司的广阔市场，为斯通的轮胎提供了不可限量的销售市场。

斯通正是由于提前得知福特公司制造新汽车的消息，勇于行动，抢占先机，从而获得了财富。同样都是行动，勇于行动者更能抢占先机，获取财富。

　　汉斯与邦德是好朋友。几年前，两人发现一些本地人开始改变过去那种自给自足的生活方式，戴帽、穿衣不断向商品化发展。他们认为这是一个赚钱的好机会，于是准备各自开办一家服装厂。汉斯说干就干，立即行动起来。没用多长时间，产品就推向了市场。

　　相反，邦德没有立即行动，而是想先看看汉斯的服装厂效益怎么样。

　　汉斯的服装厂开办不久，就遇到了很大困难：市场在短时间内很难打开，产品滞销，资金周转缓慢，工资不能及时发放，工人的积极性下降。

　　见此情况，邦德心中暗自庆幸：幸亏我没有贸然行动，否则也会陷入困境，资金不就打水漂了吗？

　　面对困难，汉斯并没有退缩，而是逐一想出解决办法。一年后，他的服装厂终于渡过难关，随之而来的是丰厚的利润。

　　看到汉斯俨然成了大老板，邦德后悔莫及。于是，他也开办了一家服装厂，但为时已晚。由于早办了一年，汉斯赢得了众多客户和广阔市场，而邦德的客户少得可怜。几年之后，汉斯的营销网络遍及美国各地，资产高达数亿美元。此时，邦德的服装厂虽然没有倒闭，却沦为代加工的工厂，年收入只能维持服装厂的基本开支。

这两个人同时看到了机会，但汉斯勇于行动，抢占先机；邦德却犹豫观望，最终错失良机。两个人走上了不同的人生轨道。正因如此，我们要明白，在财富面前，勇于行动才能抢占先机。

如果你勇于行动，获得财富的机会就更大。这也印证了奥弗斯特里特的总结："有创造才能的人，他们不仅看到了客观存在的东西，还看到了应该存在的东西；他们不仅看到了已经存在的东西，还看到了将要存在的东西。"

在广东，有一家著名的白天鹅宾馆，它是我国第一家港资的五星级宾馆，也是我国第一家自行设计、施工、管理的大型现代化酒店。该宾馆是由香港爱国商人霍英东一手创办的。

1978年，霍英东看准了机会，决定率先在内地投资，并且投资金额非常大，高达1亿元。当时，很多人都在观望内地的投资环境。而霍英东已经成为第一个在内地投资的香港企业家。霍英东对商界的朋友说了这样一句话："放手干吧，别等了！"

1978年4月10日，霍英东和内地有关方面的领导小组签订协议，先在广州建立一座宾馆。随后，霍英东亲自前往广州选址，最后选址在沙面岛，他将宾馆取名为"白天鹅宾馆"。

1982年10月14日，霍英东亲自设计、施工和管理的白天鹅宾馆试营业。1983年2月7日，正值春节前夕，白天鹅宾馆正式开业。

1985年7月，由于白天鹅宾馆服务上乘，收益颇丰，因此被公认为"中国第一家五星级酒店"。

霍英东凭着敏锐的商业战略眼光，发现了商机，为自己的事业再添辉煌。任何希望，任何成功，最终必然要落实到行动上。勇于行动的人，才更有机会成为笑到最后的人。

敢想敢干

践行成事，空谋误时

　　拿破仑说："想得好是聪明，计划得好更聪明，做得好最聪明且最好。"安东尼·罗宾也说过："行动是化目标为现实的关键步骤。"

　　纵观全球，汤姆·霍普金斯是单年内销售最多房屋的地产业务员。汤姆·霍普金斯平均一天卖一幢房子。直到现在，他仍然是吉尼斯世界纪录的保持者。不仅如此，他还是世界推销训练大师，据统计，接受过他训练的学生大约有500万人。许多人都想知道他的成功之道，有人问他"您成功的秘诀到底是什么""当您遇到困难的时候，都是如何处理的""在未来当您遇到瓶颈时，要如何突破"等，他的回答只有一句话"马上行动"！

　　1998年，李进章在去北京开会的时候，无意间听到大家说："虽然中国有许多饮料，但是好的饮料很少，特别是绿色、保健型饮料。"回到家后，他品尝了许多饮料，几乎没有饮用口感好的。

李进章想，何不把心思放在本地的大片核桃林上呢？太行山是闻名的核桃之乡，这里满山坡都是核桃树。每到核桃成熟的时候，满山都是皮薄肉厚的上等核桃。并且，这里属于山区，几乎没有任何污染，生长的核桃绝对属于绿色食品。

李进章经过调查发现，当时市面上虽然也有许多种核桃饮料产品，但品质和口感欠佳。对此，李进章说了这样一句话：以核桃为原料的饮品尚未形成消费者认可的品牌，这是饮料市场的一个空白。

李进章在做出决定后，立即开始行动。经过努力，他于2005年建成投产国际最大的核桃露全自动生产线，年生产能力达5万吨，年产值5亿元。

行动是制胜的关键，想好了就去做，一定能先人一步。李进章成功的原因之一就来源于他能够将计划付诸行动。

有一位实干家是这么说的："假如说我的成功是在一夜之间得来的，那么，这一夜也是无比漫长的历程。"有时，某些人看似一夜成名，但如果你仔细回顾他们的历史，就知道他们的成功并不是偶然得来的。他们早已投入无数心血，打下了牢固的基础。那些大起大落的人物，声名来得快，去得也快。他们的成功

敢想敢干

往往是昙花一现，并没有深厚的根基与雄厚的实力。

有了好想法就要马上行动。成功总是藏在困难之后，我们要做的就是努力排除成功路上的艰难险阻，不要害怕即将出现的困难，要相信自己总能想出解决办法。如果你努力做了，一定会有所收获；如果能解决问题并克服困难，就可能得到你想要的成功。

在生活中，任何伟大的目标与计划，最终都要落实到行动上。目标再伟大，如果不付诸实践，永远只能是空想。成功在于信念，更在于行动。制定目标是为了达到目标，目标制定好以后，就要付诸行动，一步一步地去为之奋斗，努力实现它。如果不化计划为行动，那么你所制定的目标也就变得一文不值。

> 奥格·曼狄诺是美国一位成功的作家，他常常告诫自己："我要采取行动……从今以后，我要一遍又一遍、每一小时、每一天都重复这句话，一直等到这句话成为像我的呼吸习惯一样，而跟在它后面的行动，要像我眨眼睛那种本能一样。有了这句话，我就能够实现让我成功的每一个行动；有了这句话，我就能够制约我的精神，迎接成功路上的每一次挑战。"

不行动就没有结果，立即行动就是成功的秘方。我们虽然可以用尽各种方法告诉全世界，自己是多么优秀，但是必须通过行动来证明自己。要让别人知道你的成就，就应该先付诸行动，让别人从你的行动中认清你的成就。实现梦想的唯一途径就是去实践它，只要定位清晰，目标明确，那么，每投入一分心力，就将向成功走近一步。

按部就班地做下去是实现任何目标唯一的聪明做法。我们无法一下子成功，只能一步一步走向成功。所谓优良的计划，就是自行确定每个月的配额或清单。

有人曾提出这样一个问题："什么是人类最远的距离？"成功者说："从头到脚，即从'知道'到'行动'的距离，这是人类最远的距离。"一个人做出了正确的决定却没有成功，其中一个重要原因就是他在应该行动的时候没有立刻行动。很多时候，我们知道了但就是没有采取行动，不是犹豫不决，就是畏缩不前，不是拖拖拉拉，就是得过且过，最后等到机会溜走而痛心疾首。

财富不会自动找上门，只有付诸行动，才能收获成功。将计划马上落实到行动上，这就是获取成功的必备条件之一。

七成把握，立行不待

有了七成把握就赶快行动起来，等一切条件都具备时再动手，商机可能已被别人占有了。

一说起王跃胜，可能每一个山西人都知道。如果在北京说起网吧，大多数人都要想到飞宇，而王跃胜就是"飞宇网吧"的首席执行官。

"中国硅谷"的中关村核心地带——北京大学南门外，就是王跃胜开设网吧的主要地点，这里有18家网吧。在全国范围内，王跃胜开的网吧一共有300多家。在王跃胜看来，网络能够改变人的命运。

1983年，21岁的王跃胜向父亲要了80元钱，又从亲戚朋友那里借了100多元钱。

接着，他又四处筹资，不久便开办了一家加油公司。为了更加方便管理，1997年5月，他的公司购买了一套计算机管理系统。起初，王跃胜并没有觉得有什么好用的地方。慢慢地，他发现使用计算机结算账务特别快，平时结算账务最少也需要2～3天，有了计算机最多只用10分钟。这让王跃胜对技术人才有了全新的认识，他决定去北京创业并网罗人才。

　　1997年，他来到北京，经过两个多月的考察，发现当地只有两家网吧，而且都是刚毕业的大学生开办的。于是，他决定开一家网吧。

　　在选择开办地点时，王跃胜费尽心思。他走了好多地方，终于在北大小南门外看上了一套120多平方米的房子。1998年2月14日，王跃胜购置了25台计算机，就这样，"飞宇网吧"开张了。

　　在网吧开张之前，王跃胜还独自一人来到电信局申请64K专线。当时，电信的人这样对他说："现在上网的人实在太少了，再说了，计算机这玩意儿又太超前了，要开网吧，可要小心啊！"可是，王跃胜认为网络是未来发展的必然趋势，于是，毫不犹豫地申请了。

　　没过多久，他的"飞宇网吧"生意开始好了起来，差不多天天都可以看到排队等候上网的人。

　　每当谈起开网吧这件事时，王跃胜就会说："做

敢想敢干

一件事时，有了七成把握后，就赶快行动，不要等到一切条件都具备了，那时就晚了。"

如果王跃胜当初等到时机成熟再去开网吧的话，那么很可能开网吧的人已经很多了，开起来生意也不一定会很好。所以，只要有好的想法，哪怕别人看起来并不实际，自己调研充分，就应该立即付诸实践。

一个人有了七成把握，就掌握了出击的主动权；有了七成把握，就意味着抓住了解决问题的主要矛盾；有了七成把握，就意味着赚钱的机会即将成熟。因此，要想抢在别人前面赚取更多的财富，最好的办法就是当有了七成把握的时候立即行动。

需要注意的是，有了七成把握就去做，并不是说没有调研就去盲目地做一件事。要知道，那样做不仅不会成功，反而会让自己走上绝路。

渴望成功本来是一种健康上进的心态，可是如果被渴望成功冲昏了头，只知道行动，不善于思考，行动和想法不能结合到一起，那就会变得很可怕。没有想法、只有行动的人整天忙忙碌碌，无法安静地思考，更不会将想法和行动结合在一起。

曾经有一个年轻人心怀大志，在他16岁的时候，独自一人来到陌生的大城市打拼。刚开始，他凭着自己年轻力壮，在一家工厂里做搬运工。为了能够给家里寄点钱回去，他平常总是吃几袋方便面或几个馒头。他并没有怨言，只是不甘心总是过这样的日子。他认为：既然别人可以当老板，只要我努力，同样可以做到。为此，他将节省下来的钱报考了一所大学的进修班，一边工作，一边学习。

　　学习了一段时间后，他觉得自己在知识和能力上有了提升，可以去找一份好一点的工作了。于是，他来到一家照相馆，谋到了一份差事。时间长了，师傅觉得他积极上进，又肯学习，便倾囊相授。他非常努力，没用一年的时间就基本上掌握了摄影的技巧，薪水也涨了，是原来的几倍。对于许多人来说，能够有一份待遇优厚的工作就知足了。然而，他仍不满足，总是寻找机会发展自己的事业。

　　工作到了第三年，他认为摄影行业正处于发展阶段，虽然时机还不成熟，但是也差不多了，再说总这样给别人打工也不是长久之计，他决定独自闯一闯。于是，他租了一间小门面房，开了一家摄影店。凭着他娴熟的摄影技术和热情服务，生意十分红火，有时，一天的营业额就在万元以上。

　　凭着自己工作多年的经验以及自身的努力，他的生意越做越大。短短半年时间，他就开了好几家连锁店。

世界上没有一件事是绝对完美无缺的，如果等到所有的条件都具备了才去做，那就只有永远地等下去了。

"有了七成把握就去做"是商业世界中突破认知边界的黄金法则。市场机遇往往裹挟着信息迷雾，过度追求确定性可能陷

敢想敢干

入"分析瘫痪"，盲目行动则易坠入经验主义陷阱。七成把握意味着对核心矛盾的精准判断：既看清趋势的必然性，又预留容错空间；既不低估风险，也不高估自身掌控力。这种"有限理性"的决策艺术，本质是用行动迭代认知——通过快速试错，将剩余三成不确定性转化为组织能力，最终实现从"做得到"到"做得更好"的转变。

2018年，马斯克决定在中国建厂时，特斯拉正深陷"产能地狱"——美国工厂周产能不足5000辆，Model 3交付延迟，导致股价暴跌。面对中国市场的七成把握——新能源汽车销量连续三年翻倍增长、政府明确2025年新能源占比20%的目标、长三角完备的供应链生态，马斯克力排众议，在签约仪式上直言："要么现在行动，要么永远被动。"特斯拉工厂从签约到投产仅用11个月，创造了"当年开工、当年投产"的纪录。

上海工厂的成功不仅让特斯拉避免了破产危机，还重塑了全球汽车产业逻辑。马斯克在股东会上坦言："中国团队的执行效率让我们学会，真正的确定性不是算出来的，而是用行动逼出来的。"如今，特斯拉正将"中国模式"复制到墨西哥和印度的工厂，而上海工厂二期的储能产品生产线，正在用同样的方法论冲击全球能源市场。

马斯克这一决策基于三大判断：中国新能源市场潜力巨大、

政府支持力度明确、本土供应链可快速整合。在此过程中，特斯拉边建厂边调整设计，用"中国团队主导+全球资源协同"模式解决了剩余的不确定性问题。结果，上海工厂不仅让特斯拉产能飙升，还使其股价两年内上涨12倍，验证了"七成把握即行动"的商业逻辑的有效性。在趋势面前，速度比完美更重要。

敢想敢干

致富语录

　　行动比计划更重要。不要犹豫，要敢想敢干！

第 5 章

敢于冒险

缺乏冒险精神的人，很难获得成功。

才胆破局，命由己立

要想改变自己的命运，除了学识与能力，过人的胆识和气魄也是必不可少的。

陈天桥可能从来不会承认自己是一个赌徒，但他选择网络游戏运营，选择代理《传奇》游戏，却是一场不折不扣的"赌博"。

当时，盛大与中华网"分手"，虽然名义上将30万美金留给了陈天桥，但实际上盛大账面上的现金不足10万美金。当时的盛大公司在付完韩国公司的首付款后，剩余资金仅够给员工开两个月的工资。所以，在此时，盛大将所有的希望都押在《传奇》这款游戏上，不能不说这是一场大胆的赌博，成则万利，败则皆空。

　　当时国际上网络游戏产业已相对成熟，国内虽然也有网络游戏在运营，但还处于摸索期，尚未形成成熟的商业模式与理念，没有一个可供模仿的成功的范例，也尚未出现成型的网络游戏。国内还没有一家公司因运营网络游戏而获利丰厚，确切地说，那时候的网络游戏更多的是在培养市场阶段。所以，在那个时候，盛大冒险一搏，确实需要过人的胆识。

　　盛大在没有任何网络游戏运营经验的情况下就孤注一掷，大胆尝试。当时，在盛大的管理团队中，无论是陈天桥本人，还是其他成员，基本上都没有网络游戏的运营经验。虽然他们也都熟悉网络游戏，但是在这个时候，他们更多算是游戏玩家，充其量算是一群游戏爱好者。这时，一个人选择了一个自己完全不熟悉的行业进入，这无疑是一次巨大的冒险。

　　对于盛大来说，既然方向定了下来，那么就需要选择一个阵地来开始实现这个目标。于是，陈天桥决定背水一战。从2001年5月下旬开始接触到6月底，经过将近一个月的艰苦谈判，《传奇》的海外版权持有商Actoz Soft公司同意和盛大签约。7月14日，这是盛大历史上一个值得纪念的日子，盛大和Actoz － Soft公司以一年30万美元的价格签约，合同有效期为2年，到2003年9月28日截止。签约后的盛大基本上就没有钱了，这时候一方面要等着韩国公司将游戏汉化，另一方面需要为公测做准备，服务器、带宽、人员等一切需要钱的问题都堆到陈天桥面前。所幸，《传奇》上线之后反响强烈，使盛大得以起死回生，陈天桥成为赢家。

从陈天桥的事例中我们可以知道，他的成功与冒险有着必然联系。经济学家刘吉的经典话语，道出了胆量与魄力的重要意义："仅有'高智商'和'高情商'还不能成为合格的企业家，还必须有'高胆商'。什么叫'胆商'？就是要有冒险精神，能够抓住机遇，'该出手时就出手'，没有'胆商'很难成为企业家。"

命运的改变往往就在某一个机会上，抓住这个机会就有可能成功。大胆去做意味着冒险，而只有敢于冒险的人，才可能赢得人生的辉煌。

李书福就是一个想常人之不敢想、做常人之不敢做的人。1993年，李书福去某大型国有摩托车企业参观考察，看见摩托车产销两旺的势头，就向该企业老总提出为他们做车轮钢圈配件的建议。对方一听，笑道："这种高技术含量的配件岂是你们民营厂能完成的，该做什么还做什么去！"要强的李书福憋着一口气回到公司，大胆提出要自己制造摩托车整车。周围一片反对声，连他的亲兄弟都笑他不自量力："车祸死了人，有你好看的。搞不好千年砍柴一夜烧。"

李书福决心已下。但这次他遭遇了"红灯"——

没有摩托车生产许可证。他到处申请均以碰壁告终。最终，他以数千万元的代价收购了浙江临海一家有生产资质的摩托车厂，并取名"吉利"。只用了7个月的时间，吉利就开发出中国同行一直没有解决的摩托车覆盖件模具，并率先研制成功四冲程踏板式发动机。接着又与嘉陵强强联合，生产"嘉吉"牌摩托车，不到一年，又开发出中国第一辆豪华型踏板式摩托车，很快便替代了日本的同类摩托车，不仅一直占据国内踏板车销量龙头地位，还出口美国、意大利等32个国家和地区。1999年，吉利摩托车产销43万辆，实现产值15亿元，吉利集团也因此赢得了"踏板摩托车之王"的美誉。李书福敢想敢做、勇于创新的做法使他取得了巨大的成功，从市场上得到了丰厚的回报。

李书福勇于实践，敢于冒险，才成就了他的事业。所以，想要成功，不仅要有精明的头脑，也需要可贵的冒险精神。

在英国，有一家名叫"劳合社"的保险公司，是当时世界范围内的行业翘楚。该保险公司每年承担的保险金额高达2670亿美元，保险费收入为60亿美元。

劳合社一直认为：敢冒更大的风险，才能赚更多的钱。该公司引以为豪的就是与生俱来的开拓创新精神。凭着独有的商业意识，这家公司总是能以最快的速度接受新鲜事物。

劳合社总经理曾经说过这样一句话："劳合

社的传统就是要在市场上争取最新保险形式的第一名。"1866年，汽车诞生，为了紧跟时代的发展潮流，劳合社于1909年率先承担了这一形式的保险。当时，"汽车"这一名词还没有出现，劳合社只好暂时将这一保险项目称为"陆地航行的船"。此外，劳合社还是太空技术领域保险的创始人。虽然需要冒一定的风险，但是仍然可以从中获取一定的利润。

　　劳合社的成功来源于敢于冒险的精神，面对一切新鲜事物，总是能够先别人一步将机会握在自己的手中。在商业领域，一个企业的领导一定要有自己的策略，不能害怕风险而不作为，要敢作敢为，才能驰骋商界。

险利共生，古今一理

天下没有免费的午餐，没有风险的利益同样不存在。风险与利益并存，这是亘古不变的道理。

重庆商界曾有一位闻名遐迩的大富翁——汤子敬。

汤子敬认为，企业多元化经营可以分散风险，如果有一个企业出现了亏损，另外一个企业如果盈利，它们互相扶持，整个集团就始终都会有钱赚。汤子敬在经营企业时，敢于冒险换来利益的事例有许多，下面两个例子比较典型：

1893年，川东一带正值起义军反清之际，多数布匹商人担心清朝即将灭亡，货物积压，纷纷抛售货物。而汤子敬冒着很大的风险，低价买进别人抛售的货物，待价而沽。果不其然，起义军并没有取得胜利，布匹价格一路上涨，汤子敬大赚一笔。

全面抗战爆发后，局势动荡不安，大量牛皮和羊皮积压，原料价格下跌。在这种情况下，汤子敬果断决定大量收购、囤积皮料。抗战胜利后，物价上涨，他高价将货物售出，赢利数十万元。当时，民族工商业发展缓慢，企业倒闭时有发生。汤子敬只要看到即将倒闭的企业，就会鼎力相助，筹钱出力。在许多人的眼中，汤子敬这样做，无疑是把钱往火里扔。但是，汤子敬不怕冒险，经过改组，救活了许多企业。随后，他掌握了大量资金，将其用于发展自己的企业。

在风险面前，汤子敬从容不迫地进行了风险分析，一次又一次地发展了自己的企业。与此同时，他也获利颇丰。人人都渴望遇到无风险、高收益的好事，但这样的好事几乎不存在。风险越小，利益也就越小；风险越大，利益也就越大。

这里所说的冒险并不是盲目地去冒险。在决定冒险之前，一定要根据相关的信息进行仔细且周全的分析，衡量风险与利益的比例关系。如果认为利益大于风险，成功机会大于失败的时候，你才可以有策略地采取行动。要知道，每一个抓住机会的人都是有冒险精神的智者，他们并不是鲁莽行事的。

在商人的身上，我们可以看到敢于冒险的精神，但这并不是说一味地冒险就可以不断地走向成功。一个冒险的好机会，可以给商人带来利益，也可以将商人置于"万劫不复"的境地。经商者要明白风险与利益共存的道理，只有这样，才能做到心中有数，为成功而冒险。

一个人在决定做一件事情之前，如果只关注可能出现的风险，必定会一事无成。一个人要想干出一番事业，就要做好失败的准备，敢于向风险挑战。要敢想别人不敢想的事，敢做别人不敢做的事，敢冒别人不敢冒的险，看准机会就下手。但需要注意的是，冒险不可超出一定的范围，不可触犯法律。

适当冒险，当为则为

　　命运赐给每个人的机遇都是一样的，但就如美丽的玫瑰带刺一样，机遇总是伴随着风险，也伴随着挑战。机遇与冒险相辅相成，一个人只有在风险面前毫不畏惧，敢于冒险，才会领先他人，欣赏到险峰的无限风光；只有敢于追求平常人不敢追求的目标，才有可能占得先机，取得常人无法取得的成就。

　　在我们身边，有许多成功者的例子，正是因为他们敢于冒险，所以抓住了先机。20世纪80年代，刘代禄就为我们做出了榜样。

　　1986年底，原本大红大紫的我国造漆行业陷入市场低迷的困境：产品供过于求，严重积压滞销，原材料短缺且价格飞涨，行业竞争空前激烈。

这一切对于原本就是个中小型厂家的遵义制漆厂来说，恰如雪上加霜。转产的论调在厂内传得沸沸扬扬。

　　谁知，厂长刘代禄却做出了一个惊人的决策：不是减产而是增产，逆风而上。因为销售科向他提供了两条信息：一是东部的湖南省已有20多家油漆生产厂家关停并转产，二是省内的一家县办油漆厂要求合并到遵义制漆厂来。这就预示着，有人已经让出了本来绝不肯后退半步的市场，但消费在继续，这无异于树上掉下个金苹果，就看你捡不捡了。刘代禄想，这是个极大的市场空隙，一旦抓住这个商机，自己的油漆就能占领市场，与其坐等破产，不如放手一搏。

　　刘代禄一方面积极组织生产，另一方面在销售上狠下功夫。这是对他胆略的考验，也是对他才智的检验。当然，他这么做既要有胆识，又要有一定的实力做保证。

　　同时，刘代禄看到市场低迷，正是自己与各方建立关系的最佳时刻。俗话说："锦上添花不如雪中送炭。"在市场繁荣时，商业企业到工业企业去拿货，去建立总经销关系就不得不接受一些苛刻的条件。但在市场低迷之时你去找他，他会把你当成救星，会给你更优惠的条件，会把你当成真正的朋友。一旦市场复苏，其他商业企业趋之若鹜之时，恐怕就为时过晚了。因为，他们丧失了机遇。

由此看来，要想成功，就要寻找机遇，在别人意想不到的时候，以别人意想不到的策略，为自己谋得市场份额，积攒高速发展的动力。

商场上永远都有商机，也都有风险。那些只想着四平八稳、不冒风险的人，通常不会获得高额的回报。机遇总是隐藏在风险之中，成功者练就了过人的胆识，敢于在适当的时候冒险，从而抢占先机，即使面临风险，也能化险为夷，奋勇前进。

"羊肉串"理论是由李大春提出的，他说："如果我手中只有100块钱去买东西，有电视机，也有羊肉串机，我肯定选择羊肉串机。电视机虽然可以让人享受，但是羊肉串机可以帮我赚到更多的电视机。"

李大春是一个典型的东北汉子，从外表看，根本不像一个精明的企业家。可他确实是建筑工程公司的总经理，也正是这样一个看着不精明的人创造了一个又一个奇迹。

在公司资金周转困难的情况下，李大春二话没说，就拍板买回29台各种型号的塔吊，在全国同一行业中，这种大气魄的投入实属罕见。29台塔吊全部运转，年产值突破了1亿元，给公司带来了巨大的经济效益，简直是一个奇迹。

赚了第一桶金之后，李大春发现，市场在不断地变化，如果死守旧有的经营策略，必然会失败。于是，他成功地盘活了建筑公司，之后，又打出了一套漂亮且有效的组合拳，连续组建了石膏板线厂、大理石制品厂等8家实体公司。这些公司的产品物美价廉，没过多久，就抢占了大量市场份额，一举成为当地的著名企业。

正是这种气度宏大，不计较一城一池得失，而将眼光放得长远，敢冒风险抢占先机的人，才有可能取得成功。

一项调查显示：大多数亿万富翁都具有相似的冒险特质。在他们看来，冒险只是一个小小的改变而已，只要努力克服困难，就有希望到达成功的彼岸。

抓住机遇并不是轻而易举就可以办到的，也不是每个人说说就可以做到的事情。善于抓住机遇的人具有敏锐的目光，机遇一出现，他就立刻出手。正是这个原因，冒险才显得尤为重要、更有价值。

敢于在适当的时候冒险的人，才能获取更多的人生财富。

心清目明，行稳致远

　　对于一些未知结果的事物，做好充分准备去面对，叫作冒险；而没有做好准备就去面对，叫作冒失。

　　一个人如果缺乏冒险意识，就难以在竞争中抢占先机，想致富更是异想天开。那么，如何才能分清冒险和冒失呢？最好的办法就是在冒险之前进行理性的分析，运用发展的眼光去看待问题，从而做到冒险而不冒失。

　　在现今社会，由于冒险而获得巨额财富的人很多，由于冒失而一贫如洗的人也有很多。

　　约翰是一名玩具行业的商人，开了一家玩具公司，总部设在纽约。此外，在加利福尼亚州和底特律市分别设有分公司。

在对玩具市场进行考察之后，他认为魔方市场前景广阔。在做好一切准备后，便开始生产并投放市场，这受到许多小朋友的欢迎。约翰认为有利可图，决定大批量生产，投放到亚洲市场。

然而，他没有想到的是，日本一家玩具生产厂家已经抢占了亚洲市场。当约翰将魔方投放到亚洲市场的时候，市场已经达到饱和状态。于是，约翰又将魔方运往欧洲试销，但结果仍然不理想。情急之下，约翰只好宣布停止生产。但是，为时已晚，大量的魔方积压在仓库里，资金难以回笼。约翰只好从加利福尼亚州和底特律市撤出，仅保留一个总部。

一段时间后，公司的经济局面得以扭转。看准机会后，约翰又在伊朗德黑兰市设了一个分厂，向亚洲市场进军，玩具销售量还算可以。没过多久，爆发了两伊战争（1980—1988）。约翰的亚洲市场逐渐衰落。当时，爆发了美国玩具工人大罢工，约翰的玩具公司不得不关门，宣布倒闭。此时，他手上的钱已经不多了。

约翰屡战屡败的原因在于盲目扩大生产，导致产品大量积压，损失严重。可见，盲目的冒险行为是不明智的，尤其在竞争激烈的商战中，稍不留神，就会重重跌倒在地，摔得遍体鳞伤。

一个想干一番事业的人，在成功道路上千万不能浮躁。在乱云飞渡之时，人们需要沉着冷静，静观其变，捕捉机遇。

20世纪80年代，曾出现过一次日全食。当时，日全食出现的准确时间已经被计算出来了，还印在了很多日历上。可以说，这是一个观看日全食的好机会。

为了更好地观看日全食，很多人都做好了准备。但是由于直接观看阳光太刺眼，人们想出了三种办法：第一，倒一些墨水在水盆里，通过反射观测；第二，用已经没有什么使用价值的照片底片遮着眼睛去观看；第三，花高价买一副墨镜。

然而，用这三种方法观测起来并不方便：在水盆里倒墨水比较烦琐；照片底片上有影像，会影响观看效果；在当时，墨镜价格较高，一般人根本买不起。

根生在了解情况之后，觉得有利可图，但也需要冒一定的风险。根生想到一个好办法。他先从工厂里采购一批工业用黑色半透明胶片，然后将其剪成小方块，安在镜架上，这样一来，就做成了一副简易的墨镜，而且售价较低，每副只需要5毛钱。

根生想来想去，觉得这样做虽然有一定的风险，但是应该可以赚钱。因为这些胶片的成本相当低。这时，根生发现，如果一个人单干的话，难以应对市场需求。于是，根生打算与弟弟一起做这桩生意，成本、收益均平摊。他的弟弟听了之后，也觉得这是一个不错的想法，于是便答应了。但是，弟弟仔细一想说道："到时候真的会有人花钱买吗？最好做一下调查吧！"根生一听，也觉得他说的话有一定的道理，于是对他说："那你先做调查，看到底有没有人愿意花5毛钱看日全食，但是千万不要让别人知道咱们的想法。"

当弟弟去问左邻右舍、亲戚朋友的时候，结果却不乐观。弟弟对根生说："据我调查，有50%的人对日全食不感兴趣，还有一些人想看而又不愿意花钱。"对此，根生欣慰地说："只要有一半人愿意看，我们就有机会。"

这时，弟弟有点犹豫了，想赚钱又不敢冒那么大的风险，于是就对根生说："还是你自己先卖，如果卖得好的话，我再和你一起卖。"根生看出了弟弟的心思，二话没说，自己找了五六个帮手，说干就干。他在城里选择了几个地点，分别让人摆上小摊。刚开始，买墨镜的人寥寥无几，随着观看日全食时间的临近，买的人逐渐多了起来。这时，根生的弟弟有些心动了。

不久，广播里传来振奋人心的声音："几分钟后，我们将迎来百年难得一见的日全食！"有的人听到广播，才知道今天有日全食，心想："原来今天有日全食，这可是百年难遇啊！"于是，纷纷来到根生这里购买墨镜，他们已经忙得不可开交了。根生的弟弟看到墨镜卖得如此火爆，对根生说："我帮你卖一部分吧！"但是，根生并没有答应。

随着时间推移，太阳开始出现了一小块黑边，这时买墨镜的人最多。当日全食进行到将近一半的时候，仍然有很多人购买墨镜，一直到整条街上都是手拿墨镜观看日全食的人。根生意识到自己成功了。

就这样，根生抓住了这个机会。然而，他的弟弟因为不敢冒险而与财富失之交臂。

不可否认，根生敢于在掌握一定的市场信息后冒险，才取得了成功。相反，弟弟则非常害怕冒险，这是他错过机遇的主要原因。要知道，机不可失，时不再来，所以，要想成功，必须敢于冒险。

需注意的是，这里所说的冒险，并不是没有一成把握就投身于实践。在现实生活中，许多人分不清冒险与冒失，这也是其失败的重要原因。

一大学生毕业于一所名牌美术学院，他的第一份工作是在一家杂志社担任美术编辑。在他看来，这份工作与他的专业完全相符，所以做起来自然轻车熟路。没过多久，他便得到上司和同事的一致认可。但是到了年底，他以挣的钱太少、没有发展前途为由辞职了。

一个月后，经过多方面的努力，他冒着很大的风险，开办了一家规模较小的美工装饰部。开业没多久，他就承接了一笔高达十多万元的装潢业务。于是，他找了十多个人，按照自己的想法干了起来。可是，令人没想到的是，装潢工程不仅没有赚到一分钱，反而亏了两万多元。

从某种程度上来看，自己创业是一个好想法，但是，给别人打工和自己当老板是两个截然不同的概念，如果你还没有做好任何准备就轻易投身某一领域，就是一种冒失行为，而非为了赚取利润而冒险。

在做任何一件事情时，冒险并不是寄希望于"运气"之上。在冒险之前，有必要进行理智的判断。如果连一成的把握都没有，就毫无准备地贸然干起来，必然败多成少。

敢于冒险

致富语录

　　不要害怕冒险，风险往往伴随着巨大的机遇。但是，也不能冒失，贸然行动也会失败。

第 6 章

走自己的路

成功来源于无数个好的创意，我们要用自己的创造力走出一条属于自己的路。

突破自我，永不停歇

有人习惯于重复的生活，一辈子仅局限于一种思维，周而复始。

有人敢于打破固有思维，永不停歇地向前走，不停地收获。

赵军从小生长在一个偏僻的山村里，要想出人头地，只能靠努力学习来实现。在家长与老师的共同培养下，赵军终于凭着努力考上了一所大学。就这样，他来到了曾经梦寐以求的大城市。看到这里的汽车、高楼、大厦……他心里有一种与周围环境不适应的感觉。

在大学四年的时间里，他掌握了许多知识，思想也不再那么保守了。毕业后，赵军凭着自己在大学里学到的知识，来到一家小公司当了一名普通的广告设计师。对于他来说，这样的生活与家乡相比已经相当不错了，因此很满足。就这样，过了一年又一年，每天上班、下班，过着简单而又平淡的生活，腰包里的钱刚好维持自己的生活开销。

　　一次，公司给员工提供了一个晋升的机会，只要通过专业知识考试，就有资格晋升为业务主管。得知这个消息后，赵军只是淡淡地说了一句："这有什么啊，当业务主管多累呀，还不如轻轻松松干好自己的工作呢！"当其他人努力学习专业知识时，赵军一点动静也没有，仍然重复着以前的生活。

　　结果，赵军仍然是一个普通的职员，而那个晋升为业务主管的人由于签下了一笔大单，再加上在公司里的工作表现积极，不仅赚了几百万，还被提拔为经理。

　　现代社会，人才众多，竞争日趋激烈，如果你缺乏审时度势、随机应变的能力，甚至因此养成固步自封、因循守旧的习惯，就很难取得发展。

1938年，李秉喆成立了"三星商会"。短时间内，由于李秉喆及其员工非常努力，"三星商会"迅速崛起。在这种情况下，李秉喆为了企业发展更加迅速，打算扩大规模并寻找新的合作对象。当时，正好有一家由日本人经营的酿酒会社由于各种原因要转让。李秉喆认为这是一个好机会，很快便用10万元钱将其买了下来。

在李秉喆的悉心经营下，该酿酒会社在短短一年内就在大邱排名第一位，跃居纳税大户。

1941年冬天，爆发了太平洋战争。在这种情况下，李秉喆不得不将大部分物资上缴，作为军饷。这时，三星商会的运营几乎陷入停滞。

经过艰苦的抗战，日本帝国主义的黑暗殖民统治结束了，但是，当时社会依然一片混乱。面对着物资极度匮乏、通货膨胀严重的局面，李秉喆与其他9位实业界的知名人士共同组成了"乙酉会"，以维持经济市场的稳定。在此期间，他们还从日本人的手中收购了《朝鲜民报》，并改名为《大邱民报》。此时，李秉喆不仅是创立"乙酉会"的人士之一，也是《大邱民报》的经营者。由此，李秉喆对社会及人生的认识和理解更加深刻了。

随着时间的推移，社会秩序逐渐得到改善。等到社会局面基本稳定之后，李秉喆开始继续自己的事业。经过长时间的努力，"三星商会"和"朝鲜酿造"再一次运作起来，而且效益颇丰。此时，产业逐渐兴盛起来，李秉喆看准了行情，决定涉足新的事业领域。

受到多种因素的影响，当时社会经济接近崩溃。工业生产状况同样令人担忧，不仅没有资金，还缺乏技术，如此看来，恢复工业生产并非一件容易的事。在这一关键时刻，李秉喆认为最好的办法就是从事贸易活动。经过深思熟虑，李秉喆打算在汉城经营国际贸易。为此，他成立了著名的"三星物产公司"，而且发展极为迅速，经营品种繁多，贸易对象广泛，在短短一年的时间里，营利达1.2亿元。

在李秉喆的人生旅途中，有过成功，也有过失败。但是，李秉喆面对失败从来没有退缩过，而是总结过去的经验与教训，以全新的理念开启新一轮的追求和挑战。社会在发展，形势也在不断发展变化，人们要想获得财富，走上成功之路，切不可因循守旧。

破旧立新，财富自来

观念对一个人的命运起着重要的作用。在相同的环境下，观念不同，主观能动性的发挥就不同，行为也就不同，产生的结果自然也不同。

在人们的意识里，勤俭是致富发家的法宝。勤俭是没有错的，但只是勤俭而没有新观念、新思路，那是无法取得理想成绩的。要知道，生活中有许多变数，如果你总是用一成不变的眼光看待问题，自然就难以找到更好的解决办法。

要想成功，切不可墨守成规，否则财富永远握在别人手里。

李小月（化名）是一个成功改变命运的女性。她原来在一家公司工作，屡次受到一个资深上司的排挤，很难开展工作、有所表现。最后，李小月毅然决定离开原来的公司。从做自由接案者到成立自己的小小工作室，几年下来，李小月已经拥有一家颇具规模的公司，年收入是当初薪水的几十倍。

原来李小月工作的那家公司由于经营不善已经破产了，而那个排挤过她的上司也因此失业。李小月也许还应该感谢排挤她的那个上司，否则她还不能下定决心改变现状，另辟蹊径，拥有今天的成就。

世局瞬息万变，如果墨守成规，抱着"以不变应万变"的保守心态，迟早会落后于时代。企业如此，个人亦然。如果一个人不具备适应外部环境变化的能力，就难以在竞争激烈的社会中生存。

每个人都知道创新是人类社会进步的客观要求，但总是难以摆脱那些旧观念。如果一个人想要摆脱和突破一种思维定式的束缚，通常情况下，都需要付出极大的努力。虽然很难做到，但是只要努力，就没有办不成的事。

1992年，对于那些想写好字的人来说，是一个值得纪念的日子。这一年，席殊第一次向全国推出了花费6年时间研习出来的"席殊3S习字教育体系"。与此同时，他郑重承诺：要想写好字，"一生只需60个小时"即可。当时，许多人并不以为然。

通常情况下，人们积累下来的经验告诉我们：练字应先从楷书起步。此外，还有一个大家公认的常识：行书是最实用的字体，只有先练好楷书，才能写

走自己的路

好行书。长期以来，人们一直信奉这些常识。

然而，席殊打破了常人的思考习惯，从另一个角度来考虑这个普遍的问题。席殊在自己的习字过程中，领悟到这样一个道理：现在，钢笔书法虽然已经作为一门艺术形式得到人们的认可，但是钢笔书法存在一个问题，那就是过多地沿袭了毛笔书法的内容，特别在习字方法上。

将毛笔书法与钢笔书法二者进行比较，各有特点。从习字方法上来看，毛笔书法是在特定的时代背景下形成的。古时候，人们生活节奏较慢，习字自然习惯从楷书开始。然而，现代人生活节奏越来越快，书写速度也随之加快。从其他方面来看，现代人习字主要追求快捷、流畅，并非人人都想成为书法家。如此看来，行书必然成为发展的主流。

在很多人看来，楷书和行书有着密不可分的联系。一直以来，人们总是认为，只要把楷书写好了，再将笔画连起来就成为行书了。事实上，这种思想并不正确。从本质上来说，横平竖直是楷书的基本要求，而圆润、顺畅则是行书的基本要求。如果想从实践上将二者结合起来是很难的，这就是大多数习字者总是失败的重要原因。

席殊以此为基础，提出书法练习直接从行书入手的观点，从而对书法练习进行了方向性的改革。

事实证明，席殊的理论是成功的。后来，他在全国设立了几十所习字专门学校，来这里的习字者有很多。经过席殊的指导，这些习字者有了很大提高，因此，他的学校获得了许多人的好评。随着时间的推移，席殊的财富一天天多了起来，于是被人们称为"习字产业"的"大亨"。

要知道，社会为每一个人提供的竞争空间是相等的，没有人能设定你的界限，一切都是我们自己在设限。

席殊之所以能够成为"习字产业"中的"大亨"，是因为他敢于打破千百年以来的旧观念，推出新观念。

我们发现成功者身上具有许多闪光点：不互相抄袭，不墨守成规，敢于创新。

解放思想，冲破边界

有人说："财富是想出来的。"人不仅需要养成善于思考的良好习惯，还要开阔思路，扩展思维。总是循规蹈矩，就难以产生创造力，就不会有各种各样的发明，社会也不会进步。拥有创新意识是成功者身上所共有的一个特点。

那么，什么是创意呢？一条别人没有走过的道路，一个别人没有想到的好点子。一个人要想走到成功的彼岸，就要敢于突破，打破常规，走不寻常的道路，用与众不同的眼光看待问题。但是，我们要明白一个道理，创意是建立在对原有概念怀疑的基础上的。在世界历史上，这样的例子不胜枚举，当某些见解独特的思想家对眼前的事物产生怀疑的时候，历史就由此进步了。

在创新上，有一位名叫杨莲的年轻妇女做得比较好。无意中，她发现了一个新商机——为陪妻子逛商场的男人提供一个休息的地方——"候妻吧"。当她决定发展这一事业时，立即向公司提出辞职。

杨莲提出的这一想法赢得了朋友的肯定。在她的精心策划下，美美候妻吧于2002年8月1日正式开张营业。

美美候妻吧设计独特，桌椅精巧，里面有为客人提供的茶歇、互联网电脑、纯平电视机等。此外，还有一个特点就是在这里休息的人可以俯瞰楼底的整个营业大厅，给人一种无比舒适惬意的感觉。

由于这是特殊的"吧"，人们都感到十分好奇，它开张没多久，便得到许多顾客的关注。

不出杨莲所料，候妻吧的生意格外兴隆。每天来这里休息的人很多，原来的人手根本忙不过来，于是她又请了两个侍应生。这样一来，顾客就可以享受到更好的服务，候妻吧因此得到了更多人的认可。

起初，许多人认为候妻吧只针对男性提供服务。杨莲了解这一情况后，决定将服务范围扩大。她特意为不抽烟的女性提供了一间安静、高雅、温馨的小吧。因此，候妻吧又吸引了许多女性顾客。

开业只有3个月，美美候妻吧每月收入均超过两万元，加上额外盈利，如茶水饮料、烟酒瓜果等，仔细算起来，每月纯利润比她当初做红酒促销员时的收入翻了好几倍。

另外，她还有一个新发现：有很多单身女性独自一人来商场购物。杨莲认为这同样是一个赚钱的机会，于是她立即招聘了10多名员工，经过短期培训后，就安排他们以双重身份上岗：服务员兼陪购员。结果，候妻吧又多了一项收入，吸引了许多单身女性顾客。

当身边的人问到创业经历的时候，杨莲总会说："当今社会，处处都有商机，有时一个新的发现，就可以让你发财致富。"

每个人看待世界的方式不同，那些新的观念、好的想法多来源于突破习惯的思维边界。只有这样，才能不断开拓新领域，收获更多的人生财富。

仔细想一想那些先行者们，在他们的人生字典里，从来没有"循规蹈矩"这四个字，他们总是想方设法从不同的角度看待问题，从而改变现状。如牛顿看到苹果落地引发灵感，弗雷德·史密斯打破了当时只能通过邮局邮寄东西的固定模式，最终成为联邦快递公司的创始人。

在这个世界上，万事万物都是相互联系、相互影响的，人们掌握的知识也并非单一，而是门类、学科多种多样的，因此，当我们面对一个思维对象时，千万不可局限于固有的传统习惯。

一个星期六的早上，一位牧师在准备布道，他的妻子打算出去买点东西。这时，小儿子不停地吵闹着向他要零花钱。这位牧师正在津津有味地看一本旧杂志。听到小儿子的吵闹声，他感到非常心烦。他一页一页地翻阅，一直翻到一幅色彩鲜艳的大图画——世界地图。他想了想，毫不犹豫就从杂志上撕下了这一页，然后将它撕成极小的碎片，丢在地上。对儿子说："亲爱的小约翰，如果你能把这些碎片捡起来，拼凑在一起，我就给你2角5分钱。"

牧师认为小儿子要完成这件事，需要很长一段时间。意想不到的是，不到10分钟，他的儿子就来他的房间找他，说："我已经完成任务了。"看到约翰在这么短的时间内拼好了那幅世界地图，牧师惊愕地问道："孩子，你怎么做得这么快？"

小约翰说："当然很容易了，图画背面有一个人的照片，我把这个照片拼到一起就可以了。"然后，小约翰把这张纸翻了过来，说："如果照片拼对了，这个世界地图就是准确无误的。"牧师露出了欣慰的笑容，说："不错，你替我准备好了明天的讲演内容。"然后高兴地给了儿子2角5分钱。

按常理来说，如果要小约翰把这些碎片完整无误地拼成一幅世界地图，确实需要花费许多时间。但小约翰想到了一个好办法，从而省时省力地完成了这项任务。小约翰之所以能够用很短的时间完成这项任务，是因为他突破了传统的思维，敢于用新的方法解决问题。

走自己的路

洛克菲勒也说过："如果你想成功，你应该辟出新路，而不要沿着过去成功的老路一直走下去。"也就是说，创新能力是开拓事业最基本的先决条件，一个人要想推动自己的事业向前发展，就必须具备创新能力。

既然新的创意对于一个人起着如此重要的作用，那么，我们应该如何在固有的传统概念上独辟蹊径呢？

首先，一个好的创意，需要独到的眼光和聪明的大脑，具备了这两个前提条件，才可能发挥变废为宝的神奇功效。

其次，一个好的创意没有定式，创新的头脑也不是天生就有的，因此学习和发现就成为一件非常重要的事情。不断学习更多的知识，不仅有利于个人涵养的提高，也有助于知识面的拓宽。与此同时，也需要不断观察生活，从而激发创新的激情。

再次，要想成功，必须用全新观念看待事物，寻找出新的发展道路。那些有志于创造财富的人，可以从日常生活中的每一件小事情开始，在无形之中培养和锻炼自己的创新思维。

最后，经常表达自己的想法。在生活中，如果看到某件小事产生了想法，不管这种想法是否正确，都应当表达出来。这样一来，就能在思想解放中得到新的见解。

创意助力，点石成金

时代日新月异，钢铁、煤炭、石油的时代过去了，创意文化产业被提上日程。21世纪，创意文化产业将成为主战场，在这个没有硝烟的战场上，创意起着重要的作用。有了创意，你就可能打出一片天下，开创自己的事业。

有了创意，在追求财富梦想的过程中就会事半功倍；没有创意，你的财富梦想就会湮没在时代的浪潮之中。在激烈的竞争中，可能会出现一招不"新"，全盘皆输的现象。

时时有创意，事事有创意，要把创意当成一种习惯，让创意成为成功路上的助力器。

在比利时的首都布鲁塞尔有一家酒厂，名叫撒利酒厂。在那个为世人称道的创意诞生之前，撒利酒厂原本是一个没有名气的小酒厂，但是一个创意改变了酒厂的命运，使它一举成名。

在布鲁塞尔，有一个世界闻名的雕塑"撒尿的小男孩"。有一天，观看小男孩撒尿的游客被小男孩"尿"出的"尿"中散发出来的芬芳的气味吸引，于是纷纷聚拢过来。就在大家疑惑不解时，一位大胆的游客走上前去，用手接了一点点"尿"，品尝了一下，大家都惊奇地瞪大了眼睛，期待着结果。

这位游客惊喜地叫起来："这是啤酒！这是啤酒！"大家很惊奇，都过去亲自尝了一下，看到底是不是真的，尝完之后发现果真是上好的啤酒。消息不胫而走，人们当场畅饮起来，连声说好，并急切地想知道这是哪一家啤酒厂想出的这个绝妙的广告，并制造了这么好喝的啤酒。后来人们才知道，这是比利时撒利酒厂所为。

这个消息被各国的游客和新闻记者迅速传扬，很快遍及世界。从此，撒利酒厂一举成名。

一个好的创意能够救活一家企业，一个好的创意能够成就一个人的梦想。

创意主宰新时代的商业命脉，谁占领了创意的制高点，谁就可能发财致富。当你还在死守着呆板的想法原地不动时，有的人已经借着创意的助力，乘风破浪了。

马丁博士和他的妻子就靠着一个独特的创意，在美国庞大的食品服务业中发现了商机，他们的企业如今已经发展成为美国非常成功的企业。

在当时美国食品服务业中，发展最快的是宴席经营业务，市场上的竞争商家有3000多家，年营业额达10亿美元。经过调查，马丁夫妇发现，预订宴会的有钱人没有精力去挑选心仪的经销商，于是他们创办了纽约美食家咨询服务有限公司，为有钱人挑选合适的宴会服务经销商。仅收取15%的服务费，他们就会替你安排食谱、布置聚会场所，甚至为你营造气氛，把聚会举办得井然有序。

有家国际房地产公司在曼哈顿酒店举办的豪华圣诞餐会就是他们的杰作。那天晚上，马丁夫妇身着华丽的晚礼服，从容不迫地指挥着，提供了3000份冷餐和新鲜水果，并在众人面前当场调配了400份非常精美、可口的巧克力和摩洛哥烤饼，服务可谓无微不至。

在马丁夫妇的创业过程中，独特的创意为他们找到了独家市场。日后，只要还有类似的晚会，大家首先想到的总是马丁夫妇。独特的创意使他们的公司无法被复制，统治着属于自己的一片天地。公司的财务看到账户上不断刷新的数字，由衷地佩服马丁夫妇的创意。

走自己的路

真正会赚钱的人永远是有创意的人，他们总是走在市场的前面。只有那些没有创意的人才会跟随在市场后面。

现在，创可贴已经成为人们居家必备品，但是很少有人知道其发明者——埃尔·迪克森。

埃尔·迪克森是美国强生公司的职员。他的妻子经常因做家务割伤手指，传统纱布绷带使用不便，为减轻妻子痛苦，他于1920年发明了创可贴。他将纱布放在涂胶的绷带上，中间折成纱布垫，又找到能防止绷带粘胶发干问题的粗硬纱布。后来，迪克森向公司提交了这一发明，公司主管将其命名为"邦迪"，并开始大规模生产，迪克森也借此担任了公司的副总经理。

创可贴的发明是迪克森出于对妻子的疼爱而萌生的创意。创可贴虽小，却能够风靡世界，成为很多家庭的必备品，并为企业带来丰厚的利润。

创意改变命运。在当今社会，创意可以创造财富，好的创意可以助力你的事业腾飞，让你在激烈的竞争中一骑绝尘。

水无常形，变者生财

世界是在不断变化的，不适应这种变化的人，很难在社会上立足。要想获得成功，变通是先决条件。

一个人要成就一番事业，必须有持之以恒的精神，无论是在顺境还是逆境之中，都要坚持不懈。这当然是正确的。但是，如同世界上的任何事物都具有两面性一样，我们也要辩证地看待"坚持"。

坚持是一种良好的品行，但在某些情况下，过度坚持，会导致更大的浪费。

一个人要想获得事业上的成功，首先要有目标，这是人生的起点。没有目标，就没有动力，但这个目标必须是合理的，即合乎实际情况；如果不是，那么即使你再有本事，付出千百倍努力，也很难获得成功。

在现实生活中，有的人在看待问题时，总是将眼光停留在表面，很少透过现象看本质，这样做极不利于问题的解决。如果能换一种角度，情况就会改观，创意的空间会更大。那些成功者，大多数是一些懂变通的人。

2006年的电子游戏市场，索尼PS3与微软Xbox 360正为争夺核心玩家杀得昏天黑地。两家巨头不断堆砌硬件性能，将游戏机变成比拼运算速度的"军备竞赛"，让整个行业陷入"高门槛、窄用户"的困局。此时，在日本老牌厂商任天堂的会议室里，社长岩田聪却盯着一张用户调研报告陷入沉思——75%的家庭主妇对游戏手柄上密密麻麻的按键感到恐惧，超过60%的老年人从未碰过游戏机。

"我们不做最强的机器，要做最易上手的玩具。"岩田聪在董事会上抛出这句惊人之语。当竞争对手还在纠结显卡性能时，任天堂的工程师们拆掉了传统手柄，将加速度传感器、红外摄像头塞进一个长条形遥控器，设计出只需挥动就能操控的控制器——Wii Remote（Wii遥控器）。这个看似简陋的白色棒子，彻底颠覆了"游戏必须用复杂按键操作"的常识。

2006年电子娱乐展会上，当穿着西装的任天堂员工举着Wii打网球、练瑜伽时，整个行业都笑了。索尼高管在采访中暗讽："这不过是给儿童开发的玩

具。"但市场反应让所有人跌破眼镜：家庭主妇们举着遥控器在客厅跳健身操，银发族围着电视玩保龄球对战，就连从不碰游戏机的中年男性都开始用Wii打高尔夫。这款性能只有PS3三分之一的游戏机，上市首年销量突破2000万台，硬生生从两大巨头口中抢下40%的市场份额。

任天堂的变通智慧不止于硬件。当传统厂商还在用血腥暴力吸引玩家时，他们推出Wii Sports合集，把网球、棒球、保龄球这些全民运动变成老少皆宜的电子游戏。在东京体验店里，常能看到三代同堂的家庭对着电视挥汗如雨，奶奶用遥控器画出的保龄球轨迹比孙子画的还精准。这种打破年龄与性别壁垒的魔力，让Wii在生命周期内创下1.01亿台的销量，成为有史以来最畅销的游戏机之一。

10年后，当云游戏仍在为延迟发愁时，人们突然发现：任天堂当年那根"玩具遥控器"，恰好点破了游戏行业的本质——技术永远应服务于体验，而非凌驾于体验之上。在东京总部大厅里，岩田聪的铜像依然握着那支改变行业的遥控器，底座上镌刻着他生前常说的话："如果发现前方是堵墙，不要试图撞碎它，绕过去就能看见新世界。"

商业竞争不是角力，懂得变通方能破局。任天堂跳出了硬件"军备竞赛"，用一根遥控器重新定义游戏边界。与其硬拼参数，不如另辟蹊径，抓住被忽视的用户需求，用人性化设计叩开新市场。真正的突破，往往始于跳出惯性思维的勇气。

在商业活动中，如果一个经营者善于变通，其生意会越做越大，获取的财富会越来越多。

竞争无处不在，各个商家为了利益，都在不断创新与变通。大多数情况下，商家的观念已经形成了一种思维定式。因此，要想获得财富，必须变通。只有这样，才能有机会收获成功。

19世纪中期，美国加利福尼亚州掀起了一股"寻金热"。为了获取财富，人们纷纷前往。

其中，有一个年仅17岁的小农夫亚默尔同样抱着碰运气的心态前往。但是，因身无分文，他不得不跟着大篷车，一路风餐露宿来到加利福尼亚州。

来到此地，他并没有像其他人那样急于寻金。相反，他发现这里气候干燥，缺乏水源，那些寻找金子的人，最头疼的一件事就是没水喝。

亚默尔了解情况后，产生了一个想法：卖水给这些人喝，也许会比寻找金矿更容易赚钱。

说干就干，他开始开凿渠道、引进河水，并且将引来的水过滤，变成清凉解渴的饮用水。对此，许多寻金者并不理解，甚至有人嘲笑他："不挖金子赚大钱，却要做这些无足轻重的事，既然如此，你来这里又有什么用呢？"

但是，他的信心并没有动摇，他将这些水全装进桶里或水壶里，并卖给寻找金矿的人们。令人出乎意料的是，几天时间里，他赚了6000美元。

在许多人因为找不到金矿而在异乡忍饥挨饿时，亚默尔转变了一下思维，不去淘金而去卖水。善于发现并运用商机的亚默尔，在人们还未挖到更多的金子的时候，已经成了一个小富翁。

坦克与拖拉机，从表面上来看，并没有什么联系。然而，有一个来自乌克兰的商人却把坦克当作耕田的工具，而且发了一笔大财。

苏联解体的时候，独联体各国中有许多派不上用场的军用设备，其中以过时的坦克居多。在这种情况下，如何处理这些笨重的坦克成为当时急于解决的一个问题。为此，许多政府纷纷出谋划策，最终未找到好的解决办法。

这时，乌克兰的一个商人却一反常态，马上以最低的价格将这些坦克买了下来。在许多人看来，这一举动实在是愚蠢至极。实际上，他买坦克自有他的理由。这个商人将坦克改装为多用途拖拉机，然后提价卖给农民，从中赚取差价。

他们将炮塔改装成驾驶舱，将火炮和机枪换为犁和耙，就这样，一台拖拉机就诞生了。改装后的拖拉机甚至优于当时马力最大的拖拉机，售价却是那些拖拉机的一半。

这种新型拖拉机一上市，由于物美价廉，被广大农民抢购一空。

在常人看来，坦克和拖拉机是完全不同的两个概念：一种用于作战，一种用于耕田。可这个商人用自己的聪明才智，让坦克有了新的用途。虽然只是一个小小的改变，结果却是意想不到的。我们总是用一种习惯性的思维看待事物的发展，用一成不变的思维去考虑问题。其实，只要把思维延伸，你就会发现到处都是发财的商机。

有一句话说得好："穷则思变，变则通，通则久。"因此，一个人要想改变现状，学会变通是一个不可缺少的前提条件。

创造机会，破茧成蝶

机会面前，人人平等。面对同样的机会，有的人在等待中错失良机，而有的人会主动出击，赢得财富。一个人要想迈上成功之路，需要具备一定的机遇意识。

人生因机遇而精彩，抓住了机遇，人生的梦想之花才能绚丽地盛开。有人说过这样一句话："耐心等待，机遇就在明天。"其实不然，机遇何须等待，机遇就在今天，就在自己手中。

很多成功者会主动寻找机会、创造机会，但并不是不看对象，不做准备，一味地使蛮劲。他们知道，要想稳稳当当成功，必须找到好的方法。首先就是做好准备工作，只有这样，才能在机会来临时第一时间抓住。要想赢得机会，一定要善于发现、思考，并勇于行动。

有的人坚信运气是一种可遇不可求的东西，于是他们选择等待。这种等待让他们无法专心于自己目前从事的工作，大好时光就这样慢慢消逝了。就像"守株待兔"的故事一样。

　　从前有一个人，耕田累了，在树下睡觉，醒来时，发现一只兔子撞死在了树桩上。他高高兴兴地拎着兔子回家，舒舒服服地吃了顿兔肉。

　　有了这一次，他就想：既然今天有只兔子撞死了，明天怎么就不会再有呢？

　　于是，他不再用心耕田，天天守在这根树桩前。日复一日，年复一年，再没有兔子撞上这根树桩，时光也就这样慢慢地流走，他的田地荒芜了。

听了这个故事，你一定觉得好笑。但是，也许你还没有觉察出，你身边的人，甚至你自己，也在不断地上演着"守株待兔"的故事。偶尔获得一次成功，或者别人这样做获得了成功，你就认为机会还会降临，这种想法是极其错误的。

人生道路中，处处都有机会，社会上的一项活动、报刊上的一篇文章、人际交往中的一次互动等，都可能给我们带来新的信息，都可能是一次机遇。问题在于，我们能否发现每一次机遇。不要以为机遇难寻，其实机遇就在我们的身边。

　　威廉在美国新墨西哥州的高原地区经营苹果生意。他亲手种植的高原苹果口感好、无污染，深受大众的好评。然而，一场突如其来的冰雹，打坏了树上的苹果。可是在此之前，已经有9000吨"质量上等"的苹果预订出去了。一场天灾，可能让自己辛苦经营多年的成果毁于一旦。面对这一切，威廉并没有灰心，反而想到变"劣势"为"优势"，将"危机"转化为"良机"。

他仔细观察一番，想出了一条妙计。为此，他设计了一段精彩的广告词："本果园生产的高原苹果，口感好、无污染、风味独特。此外，请注意，苹果上被冰雹打出的疤痕，是高原苹果的特有标记。谨防假冒，请您从认清疤痕做起！"令人意想不到的是，这批受伤的苹果销量相当不错。后来，有的经销商甚至特意请他提供带疤痕的苹果。威廉因此大赚了一笔。

面对被冰雹打坏的苹果，威廉没有坐以待毙，而是积极寻找办法，解决问题，将"劣势"变为"优势"，最终把这批"遍体鳞伤"的苹果卖了出去。在危机中创造机会，才可能走上成功的大路。

小机会常常是大事业的开始。在同等机遇的情况下，成功与否通常都掌握在自己手里。苏格拉底说："最有希望获得成功的人，并不一定是才干出众的人，而是那些最善于利用每一个时机去发掘开拓的人。"无数历史事实说明，谁能抓住机会，谁就有可能获得成功。

事物是不断发展变化的，机遇也是不断出现和消失的。要想获得成功，就要不断寻找机会。

公司同样如此，经营者只有不断寻找机会，才能在竞争中立于不败之地。

李晓华是一个很有经济头脑的人，最大的优点就是能够不断寻找机会。即使身边的一件小事，他也从来不放过。

　　1985年，李晓华在中国可以称得上是百万富翁，他买了房子、车子，过上了舒适的生活。

　　由于特殊原因，李晓华没有实现上大学的梦想。后来，为了实现梦想，李晓华决定到日本留学。于是，他毅然放弃了北京的舒适生活，踏上了远渡重洋的旅程。

　　刚到日本时，由于语言不通、生活习惯不同，李晓华几乎没有交际，每天只知道学习，默默无闻，甚至同一所大学里的中国留学生大多不认识他。

　　在学习的同时，李晓华还在寻找发展的机会。

　　一次，李晓华回国探亲，遇到了"章光101生发水"的发明人——赵章光。他对李晓华说："你刚刚从日本回来，我想和你谈一件事。我这里有'章光101生发水'能生发。日本脱发的人也很多，如果你把它带到日本去推销，我可以给你独家代理权。"

　　就这样，李晓华拿到了"章光101生发水"在日本的独家代理权。

　　虽然拿到了代理权，但是推销成了问题。后来，李晓华决定用直销的方法。他把留学生们一一召集起来，然后对他们说："卖这个可以赚到钱，以后你们就不用再去打工了。"

留学生们一听以后不用再去打工了，就开始卖李晓华的"章光101生发水"。他们走街串巷，只要看到日本游客就向他们推销。如果有人不相信，留学生们就给他们试用。就这样，"章光101生发水"卖得越来越火爆。

一个人能从平凡走到成功，必有其过人之处。面对一个机会时，有的人很惊喜，有的人则很恐惧。只有相信自己的能力并好好地利用这个机会，才可能走向成功。

一个成熟的社会，会给人们带来很多竞争的机会，但是一个人要想在竞争中取得成功，就必须有独到的眼光。

在欧洲经济领域中，罗斯柴尔德家族可谓人人皆知。对此，《万花筒》中的一篇文章曾介绍说："犹太人罗斯柴尔德的财产有多少，没有人知道。但是，这个家族要是一'咳嗽'，全世界的银行都会感到不安……"

这个豪门的创始人名叫迈耶·罗斯柴尔德，出生于1744年。他在德国法兰克福一个条件艰苦的犹太人社区中长大。在这种情况下，迈耶一直坚信，通过自己的不断努力，终有一天会成为富翁。

最初，迈耶做的是古钱币生意。在20年的时间里，他苦心经营，并积累了一定的财富。后来，法兰克福有一家小银行即将出让，迈耶认为，这是他几十年商海生涯中遇到的最好机会，便倾尽所有买下了这个小银行。

　　法国大革命和拿破仑战争期间，欧洲社会动荡不安。但是迈耶认为这反而成为一个有利条件，于是他决定借此机会拓展银行业务。在此基础上，他开始经营战略物资。迈耶进一步规划：自己与大儿子坐镇法兰克福总部，二儿子去奥地利维也纳开设家庭银行，三儿子去伦敦建立分行，四儿子前往意大利那不勒斯筹办办事处，五儿子前往法国巴黎进一步扩展生意。如此一来，罗斯柴尔德家族的银行及商业机构在欧洲广泛分布。

　　由于他们身处不同的国家，因此可以有效利用所在国家的经营优势。他们向交战国的王公贵族提供战争贷款，通过此种方式，获利颇丰。此外，他们通过贸易和合法供应许多急需物资，从中赚取了高额的利润。

　　战后，罗斯柴尔德家族认为，有价证券、政府公债、保险等新领域相当有吸引力，于是开始积极拓展。在此过程中，他们所拥有的财富也越来越多。

　　一个人能够不断发现机会，一次次抓住机会，就能一步步走向成功。机会并不遥远，就在我们身边，需要我们敏锐洞察。所以，我们不要再抱怨缺少机会，而应该努力发现机会。

走自己的路

致富语录

不要被传统思维束缚，要敢于创新，走出自己的路。不断尝试新的方法和思路，才能在竞争中脱颖而出，取得成功。